Sirojiddin Zoirov
Sarvar Tursunov
Murodullo Nurullayev

PRODUÇÃO DE ADUBOS POTÁSSICOS PELO MÉTODO DE FLOTAÇÃO

Sirojiddin Zoirov
Sarvar Tursunov
Murodullo Nurullayev

PRODUÇÃO DE ADUBOS POTÁSSICOS PELO MÉTODO DE FLOTAÇÃO

ScienciaScripts

Imprint

Any brand names and product names mentioned in this book are subject to trademark, brand or patent protection and are trademarks or registered trademarks of their respective holders. The use of brand names, product names, common names, trade names, product descriptions etc. even without a particular marking in this work is in no way to be construed to mean that such names may be regarded as unrestricted in respect of trademark and brand protection legislation and could thus be used by anyone.

Cover image: www.ingimage.com

This book is a translation from the original published under ISBN 978-620-6-77297-2.

Publisher:
Sciencia Scripts
is a trademark of
Dodo Books Indian Ocean Ltd. and OmniScriptum S.R.L publishing group

120 High Road, East Finchley, London, N2 9ED, United Kingdom
Str. Armeneasca 28/1, office 1, Chisinau MD-2012, Republic of Moldova, Europe
Printed at: see last page
ISBN: 978-620-7-89407-9

MINISTÉRIO DO ENSINO SUPERIOR, DA CIÊNCIA E DA INOVAÇÃO DA **REPÚBLICA DO UZBEQUISTÃO**

INSTITUTO TERMEZ DE ENGENHARIA E TECNOLOGIA

Zoirov Sirojiddin Sakhomiddin ugli, Tursunov Sarvarbek Anvar ugli, Nurullayev Murodullo Olimjon ugli

PRODUÇÃO DE ADUBOS POTÁSSICOS PELO MÉTODO DE FLOTAÇÃO

Termez - 2024

Esta monografia foi discutida e recomendada para publicação na reunião n.º do Instituto de Engenharia e Tecnologia de Termez em , 2024.

O complexo agroquímico é considerado o principal componente da economia do nosso país, e um dos factores importantes da sua aceleração é a quimificação, em primeiro lugar, a ampla utilização e o uso eficaz de fertilizantes minerais.

No Uzbequistão, existem grandes reservas de matérias-primas naturais para a produção de sulfato de potássio, que podem ser utilizadas como cloreto de potássio da "Dekhanabad Potash Plant" JSC obtido a partir de silvinite da mina Tubegatan, mirabilite da mina Tumruk, sulfatos de sódio ou amónio. No entanto, até hoje, não foram desenvolvidas na República tecnologias óptimas e contínuas para a obtenção de sulfato de potássio a partir das matérias-primas locais acima referidas, ao mesmo tempo que a necessidade da República de fertilizantes de potássio sem cloro excede as 100 000 toneladas por ano.

Os métodos existentes para a obtenção de sulfato de potássio são multifásicos, a complexidade do esquema tecnológico, os elevados custos energéticos, a formação de subprodutos de produtos pouco utilizados e o elevado custo dos produtos resultantes. Para além da análise química e físico-química (fase de raios X e métodos de microscopia eletrónica de varrimento) para determinar a composição de fase dos produtos intermédios e dos produtos acabados e a interação da solução de sal duplo com o cloreto de potássio A produção óptima, económica e sem resíduos de sulfato de potássio, o desenvolvimento de tecnologia contínua é um problema urgente para a república.

A monografia destina-se a ser utilizada por investigadores independentes, estudantes de doutoramento básico, estagiários de investigação, estudantes de mestrado e de licenciatura, bem como por profissionais que trabalham neste domínio em cursos de formação.

Revisores:

Instituto de Engenharia e Tecnologia de Termez, doutor em ciências técnicas, professor...................................Khodjamkulov.

Universidade de Economia e Serviços de Termiz, doutor em filosofia das ciências técnicas, professor associado..Babamuratov B.E

ÍNDICE DE CONTEÚDOS

CAPÍTULO I. SITUAÇÃO ACTUAL DA PRODUÇÃO E UTILIZAÇÃO DE ADUBOS POTÁSSICOS 5

CAPÍTULO II. CARACTERÍSTICAS DOS PRODUTOS DE BASE, INTERMÉDIOS E ACABADOS...35

CAPÍTULO III. ESTUDO DO PROCESSO DE CIRCULAÇÃO DE CLORETO DE POTÁSSIO EM FLOTAÇÃO COM MIRABILIDADE TUMRUK 38

CONCLUSÃO 109

LISTA DE REFERÊNCIAS 111

CAPÍTULO I. SITUAÇÃO ACTUAL DA PRODUÇÃO E UTILIZAÇÃO DE ADUBOS POTÁSSICOS

§ 1.1. Aplicação, procura, volume de produção de fertilizantes à base de potássio

O potássio é um dos nutrientes mais importantes para as culturas agrícolas, e a sua carência no solo leva a uma diminuição significativa da fertilidade do solo. A especialização do Uzbequistão na produção de produtos agrícolas, em particular algodão, cereais, legumes e frutas, criou a necessidade de criar e desenvolver a indústria química na república e de a subordinar, em primeiro lugar, às tarefas de intensificação da rede agroindustrial.

Foram construídas unidades de produção de adubos azotados e de adubos fosfatados. A necessidade de fertilizantes de potássio foi satisfeita pelo fornecimento de cloreto de potássio dos Urais.

De acordo com as estimativas, a necessidade cientificamente fundamentada de fertilizantes à base de potássio para as culturas agrícolas no Usbequistão é de 313,6 mil toneladas por 100% d.v., e a necessidade para a cultura do algodão, a cultura de peles e as terras irrigadas é de 173,4 mil toneladas ou 55% da necessidade total.

A extração do minério é efectuada no subsolo (mineração) com uma ceifeira-debulhadora mineira do tipo Ural. O minério extraído é transportado para a superfície por uma correia transportadora e depois para a superfície, utilizando uma tremonha de recarga e um veículo autopropulsionado. Em 2021, a produtividade do complexo de minério de silvinita era de 1.548.000 toneladas, a quantidade de KCl era de 22-26%.

Até agora, as questões da obtenção de fertilizantes de potássio sem cloro, as ideias de produção eficiente de especialistas da CEI e de países estrangeiros desenvolvidos continuam a ser relevantes. Atualmente, todos os países produtores de potássio, bem como o Japão e a Bélgica, que não possuem as suas próprias matérias-primas de potássio, produzem ou planeiam produzir.

De acordo com as recomendações dos agroquímicos, 220-250 kg de azoto, 100-120 kg de pentóxido de fósforo (P O_{25}) e 75 kg de adubos potássicos foram dados a cada hectare de solo. Consequentemente, 75% das terras irrigadas do Uzbequistão estão esgotadas em potássio permutável devido a doses insuficientes de fertilizantes potássicos, à remoção de potássio pelas culturas e à lavagem anual de terras salinas. Consequentemente, não só o rendimento do algodão em bruto diminuiu, como também a qualidade da fibra se deteriorou, a eficiência da utilização de fertilizantes azotados e fosfatados diminuiu e a resistência à murchidão diminuiu. A utilização correcta de fertilizantes à base de potássio permite aumentar o rendimento do algodão em bruto em terras não salinas em 1,9-3,0 s/h, e em terras salinas em 2,5-7,0 s/h. Ficou provado que não só o algodão, mas também outras culturas precisam de aumentar os padrões de fertilizantes potássicos, o que aumentou ainda mais a procura de fertilizantes potássicos.

Atualmente, os maiores produtores mundiais de adubos minerais são a China, que ocupa mais de 25% do mercado mundial, a Índia (cerca de 13%), os Estados Unidos (cerca de 10%) e a Rússia (cerca de 8%). Nos últimos anos, a quota dos Estados Unidos no mercado mundial de fertilizantes tem vindo a diminuir gradualmente. O mercado mundial de adubos minerais inclui três segmentos principais: adubos azotados, adubos fosfatados e adubos potássicos. A quota dos adubos azotados no mercado mundial é de cerca de 59%, a dos fosfatados de 24% e a dos potássicos de 17%.

Assim, de acordo com a ONU, a produção de fertilizantes (N + P O_{25} + K_2 O) aumentou de 292,429 milhões de toneladas em 2016 para

310,389 milhões de toneladas em 2018. A produção de fertilizantes azotados aumentou de 180,496 milhões de toneladas em 2016 para 186,974 milhões de toneladas em 2018, a de fósforo de 57,295 milhões de toneladas para 61,951 milhões de toneladas, a de potássio de 54,638 milhões de toneladas para 61,951 milhões de toneladas.

Mercado da potassa: De 2010 a 2017, o balanço de produção e consumo no mercado de potássio apresentou uma ligeira vantagem sobre a produção, o que por sua vez significa que está saturado. Os principais países exportadores de fertilizantes potássicos no mundo são seis países, que respondem por 85% da produção total: Canadá - 38%, Rússia - 24%, Bielorrússia - 10%, União Europeia - 9%, EUA - 7% e Israel - 6% [8].

O mercado de fertilizantes potássicos tem estado saturado nos últimos anos, uma vez que a produção tem excedido o consumo desde 2010. Isto deve-se principalmente ao aumento da produção de potássio no Canadá, que representou em média 27% da produção mundial total, seguido da Rússia e da Bielorrússia, com uma quota média de 16% para cada país, respetivamente. . A quota da China é de cerca de 13% e a da Alemanha de 8%, não se registando grandes alterações no contexto dos países.

Os aniões de cloro e sulfato afectam fortemente as culturas agrícolas e a sua produtividade nas terras salinas dos países da Ásia Central. Se a quantidade de iões cloreto no solo for superior a 0,01%, o efeito negativo na planta é significativo. Se a quantidade de aniões sulfato exceder 0,2-0,3%, as plantas serão danificadas.

A composição e a quantidade de sais solúveis em água no solo, o seu movimento e a sua relação com as espécies vegetais continuam a ser problemas científicos complexos. A salinidade do solo é determinada pela quantidade de iões Cl^- e Na^+ . A salinidade do sulfato é determinada apenas pelo resíduo seco, a do cloreto-sulfato e a do cloreto de sulfato - pelo resíduo seco e pelo cloro, e a do cloro - pela quantidade de cloro.

A falta de potássio no solo leva a uma diminuição significativa da sua produtividade. Ao determinar as doses de fertilizantes potássicos, são tidos em conta a disponibilidade de potássio no solo, a biologia da cultura, a composição granulométrica do solo, o nível e a qualidade da colheita prevista. 60-90 kg/ha são suficientes para a maioria das culturas, 90-150 kg/ha para a beterraba, a batata e os produtos hortícolas. As doses são ligeiramente mais elevadas nos solos turfosos. No entanto, os minerais de potássio (silvinite, cainite, nefelina, feldspato) são utilizados como matérias-primas para alimentar as culturas com fertilizantes de potássio.

G. Beringer observou que a redução do uso de fertilizantes potássicos nos países da CEI terá consequências imprevisíveis não só a nível económico, mas também a nível ecológico. A este respeito, uma das tarefas mais importantes da agroquímica é determinar a dose mínima de fertilizantes de potássio que pode manter o nível máximo permitido de potássio no solo e garantir a adequação do uso de outros produtos químicos e um complexo de práticas agrícolas. Um nível suficiente de potássio no solo é uma das garantias de uma colheita sustentável que não só é alta, mas também menos propensa a efeitos extremos.

A falta de fertilizantes potássicos é agravada pela remoção de grandes quantidades de nutrientes do solo com a colheita. Sabe-se que uma tonelada de algodão cru retira anualmente do solo 50 kg de azoto, 15 kg de P O_{25} e 50 kg de K_2 O. Uma tonelada de trigo retira anualmente do solo 35 kg de azoto, 10 kg de P O_{25} e 24 kg de K_2 O. A matéria-prima bruta do algodão é de 3 milhões e 400 mil toneladas e a do trigo é de 6,1 milhões de toneladas, todos os anos apenas estas duas culturas são retiradas do solo, produzindo 364,3 mil toneladas de azoto, 112,1 mil toneladas de P O_{25} e 299 mil toneladas de K_2 O.

Outro problema importante da indústria do potássio é a expansão dos adubos potássicos. Na agricultura, as perdas de potássio no solo são repostas pela aplicação de adubos contendo potássio. As características dos efeitos antrópicos da produção de potássio devem ser tidas em conta no planeamento de novas empresas e no desenvolvimento de medidas ambientais para as já existentes. Com o desenvolvimento das estufas, da hidroponia e da irrigação gota a gota, a procura de adubos NPK solúveis em água e isentos de cloro, que utilizam nitrato, sulfato, sulfato ou fosfato de potássio como componente de potássio, aumentou drasticamente.

O efeito destrutivo dos sais nas plantas cultivadas é bem conhecido, e os mais nocivos são os sais de cloreto. Os sulfatos, facilmente solúveis, são 2 vezes menos tóxicos do que os cloretos. O algodão é uma das plantas cultivadas mais resistentes aos sais, tolerando até 6 g/l de cloro na solução do solo. As culturas industriais, os citrinos, as uvas e muitos produtos hortícolas são muito sensíveis ao cloro. É resistente à ação do cloro e dos iões sulfato e apresenta uma relativa resistência à seca e à salinidade do solo. O terceiro grupo de árvores e arbustos inclui espécies resistentes à toxicidade da salinidade do cloreto-carbonato.

Durante o crescimento, as plantas utilizam uma variedade de nutrientes (zinco, cobre, etc.), molibdénio, silício).

As plantas obtêm a maior parte do oxigénio, do carbono e do hidrogénio do ar e da água, e os restantes elementos são retirados das soluções do solo pelo sistema radicular. O azoto, o fósforo e o potássio desempenham um papel especialmente importante na nutrição mineral das plantas.

O potássio afecta uma série de funções fisiológicas que controlam o crescimento e os processos metabólicos nas plantas. Contribui para a formação, decomposição e movimento do amido, melhora a utilização do azoto amoniacal na síntese de aminoácidos e proteínas, regula a atividade de outros elementos da nutrição mineral e das enzimas, bem como o regime hídrico das plantas.

De acordo com o grau de assimilação das plantas, o potássio nutricional 1) dissolve-se na água; 2) partilha-se (absorvido); 3) é insolúvel no corpo da planta.

Os compostos solúveis em água incluem o nitrato, o sulfato, o cloreto, o carbonato, o fosfato e os humatos de potássio. O teor de formas de potássio solúveis em água é, em média, de 10 mg por 1 kg de solo.

O potássio permutável é produzido pela absorção pelos colóides do solo, que actuam como permutadores de iões. As plantas absorvem este potássio, mas muito mais lentamente do que o potássio solúvel em água. Dependendo do tipo de solo, a quantidade de potássio permutável varia de 40 a 500 mg por 1 kg de solo e é um indicador da disponibilidade do nutriente numa forma disponível para as plantas.

As formas insolúveis de potássio são representadas por vários minerais de aluminossilicato contendo potássio (ortoclase, moscovite, biotite, etc.) que estão incluídos na argila, feldspato e mica. O potássio, que faz parte destes minerais, é absorvido pelas plantas apenas em pequenas quantidades.

A colheita remove uma grande quantidade de potássio do solo. Isto deve-se ao facto de fazer parte de todos os tecidos e órgãos das plantas. Além disso, o fornecimento de potássio adequado às plantas aumenta a sua robustez invernal, a sua resistência às doenças e a sua tolerância à seca. Os legumes e frutas obtidos em campos fertilizados são bem tolerados pelo armazenamento e transporte.

Os principais parâmetros que descrevem a qualidade dos adubos minerais são a composição química, a concentração de nutrientes e as propriedades físico-mecânicas (composição granulométrica, solidez dos grânulos, miscibilidade, flexibilidade e higroscopicidade). O cloreto de potássio em pó é obtido pelos métodos de flotação (F) e de dissolução halúrgica e cristalização (K) sob a forma de produto de grão pequeno ou grande, fino ou grande.

O cloreto de potássio é o principal adubo potássico produzido no mundo. No entanto, as características específicas da composição química (a presença do ião cloreto na composição) limitam a sua utilização na agricultura, especialmente na horticultura e nas estufas, onde são necessários adubos potássicos não clorados, como o sulfato de potássio, os nitratos e os fosfatos.

O nitrato de potássio KNO_3 (nitrato de potássio) é um sal cristalino anidro de cor branca (por vezes com tonalidades cinzento-amareladas), com uma densidade de 2,11 g/cm3 e que funde a 334 °C. Acima de 338 °C, decompõe-se em nitrito de potássio e oxigénio. São conhecidas duas modificações cristalinas do KNO_3 : os cristais rômbicos formam-se a baixas temperaturas e os cristais rômbicos formam-se a altas temperaturas. Solubilidade do KNO_3 em água (em g/100 g H2O): a 20 °C - 31,5 at; a 30 °C - 45,6; a 40 °C - 63,9; -109,9 a 60 °C; -312 gr a 114 °C.

O nitrato de potássio é uma matéria-prima necessária na agricultura e na indústria vidreira. Na indústria vidreira, o nitrato de potássio é utilizado principalmente no fabrico de produtos de vidro e cristal. O nitrato de potássio é um componente dos pós de fumo e das composições pirotécnicas e é utilizado na produção de esmaltes, no endurecimento de metais, etc. Na agricultura, o nitrato de potássio é um fertilizante importante para o cultivo de batatas, beterrabas, girassóis, uvas e outras plantas.

O Nitrato de Potássio (Nitrato de Potássio) é um adubo de potássio azotado, solúvel em água e isento de cloro, contendo 13% de azoto e 36% de $K_2 O$. A solubilidade do KNO3 em soluções de ácido nítrico diminui com o aumento da concentração do ácido, atinge um nível mínimo e depois aumenta; A solubilidade mínima do KNO_3 a 50°C é de 24,91% quando o HNO_3 é de 27,63% e o H_2O é de 47,46% em solução.

Sulfato de potássio - sulfato de potássio, K_2SO_4, sal; cristais incolores, densidade 2,66 g/cm3, t= 1074°C. A solubilidade é de 11,1 g por 100 g de H_2O a 20°C, 24,1 g a 100°C. O sulfato de potássio faz parte dos sais naturais de potássio, por exemplo, a chenite K_2SO_4 -$MgSO_4$ -$6H_2O$, a partir da qual é obtido. É utilizado para obter potássio. Na agricultura, o sulfato de potássio é utilizado como adubo potássico concentrado e sem cloro; contém pelo menos 45-52% de K_2O, não mais de 1% de MgO e não mais de 10% de humidade. É utilizado principalmente para culturas sensíveis ao cloro (batata, tabaco, linho, uvas, citrinos, etc.). A presença de iões de sulfato no adubo tem um efeito positivo na produtividade das plantas crucíferas (couve, rutabaga, nabo, etc.) e das leguminosas que consomem muito enxofre.

Além disso, as novas tecnologias de cultivo em estufas estabelecem requisitos completamente novos para a gama e a qualidade dos fertilizantes minerais. A inclusão dos principais componentes nutricionais na composição das chamadas soluções nutritivas predetermina a necessidade de utilizar adubos sem cloro e a presença apenas de compostos solúveis em água na sua composição. O nitrato de potássio é um fertilizante valioso, sem lastro, que contém potássio e azoto e que cumpre estes requisitos. O maior efeito é alcançado quando aplicado sob culturas que estão negativamente relacionadas com o cloro.

O sulfato de potássio é recomendado para utilização em todos os tipos de solo, para todas as culturas, e para culturas sensíveis ao cloro e vegetais em estufas. Recomenda-se a sua utilização em culturas que não toleram o excesso de cloro (batata, feijão, ervilha, fava). É recomendado para os legumes da família comum (couves, nabos, rabanetes).

Ao usar sulfato de potássio, deve-se lembrar que ele é muito solúvel em água e, após a aplicação no solo, dissolve-se rapidamente e reage com o complexo de absorção do solo. O potássio e outros catiões incluídos no sulfato de potássio são absorvidos pela parte coloidal do solo, enquanto o cloro permanece na solução do solo e é facilmente lavado para as camadas profundas do solo.

A eficácia do sulfato de potássio é melhor demonstrada em solos podzólicos e turfosos que não possuem potássio com um teor granulométrico ligeiro. Em solos chernozem, é normalmente utilizado para culturas que absorvem muito potássio e sódio (beterraba sacarina, girassol, frutos, raízes, legumes). Nos solos castanhos e cinzentos, é utilizado em função do tipo de cultura, da tecnologia de cultivo e da quantidade de potássio no solo. O sulfato de potássio é um sal fisiologicamente ácido, mas a acidez fisiológica é muito menor do que a dos fertilizantes de amónio e aparece apenas com a aplicação a longo prazo de fertilizantes de alta dose para culturas que toleram grandes quantidades de potássio (girassol, beterraba sacarina, batata, raiz). culturas, vegetais).

O sulfato de potássio, se for utilizado juntamente com azoto, fósforo e fertilizantes orgânicos, tem um efeito mais eficaz no tamanho e na qualidade da cultura. Em solos ácidos, o efeito do sulfato de potássio aumenta com a utilização de cal.

Os compostos de potássio são amplamente utilizados em vários sectores da economia nacional: metalurgia ferrosa e não ferrosa, produção de materiais de construção, pirotecnia, eletroquímica, fotografia, têxteis, vidro, produtos farmacêuticos, pasta e papel, indústria química, etc. No entanto, apenas 5-6% do potássio produzido é utilizado para fins industriais e o resto dos compostos de potássio obtidos sob a forma de sais solúveis são utilizados como fertilizantes minerais na agricultura. Por conseguinte, o desenvolvimento da indústria de potássio está estreitamente relacionado com as necessidades e o nível de desenvolvimento da agricultura.

De 2012 a 2015, a produção global de fertilizantes à base de potássio aumentou de 29,1 milhões de toneladas por ano para 31,5 milhões de toneladas de K_2O, ou 4,2 por cento. Em 2019, a produção de fertilizantes potássicos aumentou em 9 milhões de toneladas de K_2O ou 21% em comparação com 2014. O aumento da produção de fertilizantes potássicos deve-se a 7 milhões de toneladas de K_2O na América do Norte (Canadá), 1 milhão de toneladas de K_2O na Europa de Leste e Ásia Central (Rússia, Bielorrússia) e à entrada em funcionamento de novas capacidades na Ásia Oriental. China) - 1 milhão de toneladas de K_2O.

A IFA estima que a produção mundial de potássio excederá 70 milhões de toneladas em 2020, um aumento de 6% em relação a 2019. Em contraste com os mercados do azoto e dos fosfatos, a produção aumentou em todas as principais regiões produtoras.

A forte procura mundial, combinada com a natureza consolidada da produção de potássio, conduziu a vendas recorde em 2020. O comércio global de cloreto de cloro aumentou de 49 milhões de toneladas em 2019 para 56 milhões de toneladas em 2020. O aumento das vendas de potássio foi impulsionado pela melhoria da procura nos EUA, Brasil, Índia e China, após um declínio nas vendas pós-2019. A potassa continua a ser o mercado mais fraco para o comércio, com as importações a representarem 80% do consumo global em 2020. A expansão da capacidade concentrou-se nos países da EECA, contribuindo para um aumento global de 4,6 Mt K_2O.

2020 foi dominado pelo crescimento da capacidade de potássio na região da EECA, com a abertura de novas minas na Rússia e na Bielorrússia. Esses países adicionaram 2,3 Mt de nova capacidade em

2020, aumentando a capacidade regional para 21,1 Mt de 18,8 Mt K_2O em 2019.

Noutros locais, foram acrescentadas mais 450 000 toneladas de nova capacidade devido a expansões no Canadá, em Israel e na China. Estas expansões foram concluídas com um atraso mínimo devido à Covid-19 e elevaram a capacidade global de potássio para 62,3 Mt K_2O.

A Rússia tem o maior número de projectos individuais para previsão da capacidade de IFA, com três projectos no país com início previsto para 2023. A expansão da SOP continua com dois projectos australianos lançados em 2022. Espera-se que estes projectos, juntamente com expansões mais pequenas, acrescentem 4,6 Mt K_2O.

1.2. Base de matérias-primas para a produção de sulfato de potássio

O desenvolvimento da indústria de potassa no Uzbequistão não foi possível devido à falta de depósitos estudados e explorados. Estão a ser estudadas grandes bacias de potássio no sul da Ásia Central, que não são inferiores às bacias exploradas nos países da CEI em termos de reservas e de perspectivas de desenvolvimento industrial. A maioria dos depósitos encontram-se em condições económicas e mineiras favoráveis e são de interesse para a indústria [43; página 214]. De acordo com a sua composição química e mineralógica, dividem-se em potássio-sódio sem sulfato e sulfato-sódio-magnésio. Os sedimentos da camada de halogéneo do Alto Sora, designados por camada de Gaurdak, pertencem ao primeiro tipo. Os depósitos de sais de potássio mais estudados são Tubegatan, Aqbosh, Lilimkan, Khojaykan, Karabil, Karlyuk, etc.

Os recursos minerais do Uzbequistão permitem obter não só cloreto de potássio, mas também sulfato de potássio utilizando depósitos de sais de sulfato. Para este efeito, os depósitos de Tumruk, Kushkantov e Akkala do Mar de Aral são os mais promissores.

O sulfato de sódio natural mais comum é a mirabilite (sal de Glauber natural), deca-hidratada (leca-hidratada) $Na_2 SO_4 -10H_2 O$ [46;] é conhecido por ser um dos minerais mais leves, com uma densidade de $1,49$ g/cm^3 . Em soluções, quando precipitada, a mirabilite tem grandes prismas transparentes e incolores, que são gradualmente corroídos pela exposição ao ar, perdem água e transformam-se num pó branco. Foram encontrados depósitos de sal do mineral Mirabilite, que se apresentam sob a forma de crostas ligadas ao sal-gema e ao gesso. As observações mostraram que, no inverno, uma grande quantidade de sedimentos minerais se acumula nas águas do Mar Cáspio, localizado a oeste do Turquemenistão. No lago Kuchuk (Sibéria Ocidental), bem como nos lagos salgados da região de Tomsk, foram também encontrados depósitos de mirabilite. Grandes depósitos de cerca de 100 milhões de toneladas do mineral estão localizados na parte central do Canadá. Localizado na província de Saskatchewan. Mirabilit foi encontrado em grandes quantidades no século 19 a 30 km de Tbilisi, este depósito é um lago seco com uma área de 55.000 m^2 , a camada mineral tem cerca de 5 metros de espessura e é coberta por uma camada arenosa acima. lama de 30 cm a 4,5 m de espessura na Califórnia (EUA), Sicília, Alemanha, Grande Lago Malinovsky (região de Astrakhan) sais duplos com mirabilite: astrakhanite $Na_2 Mg (SO)_{42} -H_2 O$, leveitin $2Mg (SO_4))_2 - 2,5H_2 O$, vantophyte

$Na_2 Mg (SO)_{44}$, glauberite $Na_2 Ca (SO)_{42}$, glaserite $Na K_{26} (SO)_{44}$. Várias formas de hidratos cristalinos são descritas nas publicações dos autores: decahidrato, na forma de cristais rômbicos, heptahidrato cristalino $Na_2 SO_4 -7H_2 O$ e $Na_2 SO_4 \cdot H_2 O$ e $Na_2 SO_4 -H_2 O$ sais monohidratados. Os cientistas relataram que uma grande quantidade de sulfato de sódio é encontrada na água do mar e na água mineral de nascente [45].

Sulfato de sódio anidro, raro na natureza, o mineral thenardite tem o nome do químico francês L.J. Thenard. Foram encontrados ricos depósitos de thenardite no Chile, na Ásia Central e no Arizona (EUA), de acordo com os relatórios apresentados pelos autores. No vale do rio Ebro (Espanha), foi encontrada uma enorme camada de sulfato anidro (entre camadas de argila e gesso) com uma espessura de vários metros.

Sabe-se que o sulfato de sódio é muito utilizado na indústria química: este sal é um dos principais componentes da carga na produção de vidro, e é indispensável na chamada pasta de sulfato no processamento da madeira. no tingimento de tecidos de algodão, bem como na produção de seda viscosa. O sulfato de sódio é uma matéria-prima para a produção de compostos químicos como o silicato e o sulfureto de sódio, o sulfato de amónio, a soda, o ácido sulfúrico. As soluções de sulfato de sódio têm encontrado aplicações como acumuladores térmicos em dispositivos de armazenamento de energia solar. O sulfato de sódio é amplamente extraído devido à sua elevada procura.

Os autores mostram que a parte principal do sulfato de sódio é obtida a partir de matérias-primas naturais - são salmouras do tipo marinho, depósitos de sal; uma parte menor consiste em subprodutos obtidos na produção de ácidos gordos sintéticos, fibras, compostos contendo crómio, que também podem pertencer a matérias-primas para a produção de sulfato de sódio. A produtividade do sulfato de sódio de alta qualidade é muito elevada, porque, apesar de a produção ser superior a 100 000 toneladas por ano, a necessidade da República está a aumentar de ano para ano. Grandes matérias-primas de sulfato de sódio foram encontradas no Uzbequistão, nos depósitos de sal do Mar de Aral: nos depósitos de Oqqali, Kushkanatuv, Tumruksoy na República de

Karakalpakstan, bem como nos depósitos do mineral glauberite nas profundezas de Fergana. Segundo Tumruksoi, trata-se de uma mina de mirabilite, cuja composição se caracteriza por uma quantidade mínima de sais impuros de halite, epsomite e gesso. A mensagem mostra que, apesar da existência de uma grande base de matérias-primas, bem como da elevada procura de sulfato de sódio de alta qualidade, o produto é produzido num pequeno volume que não satisfaz a procura. A principal razão para esta inconsistência, segundo os cientistas, é a falta de tecnologias óptimas para o processamento da mirabilite natural da mina de Tumruksoy com a produção de sulfato de sódio de alta qualidade.

Estudos efectuados por cientistas revelaram a possibilidade de obter sulfato de sódio do mais alto grau a partir da mirabilite da mina de Tumruksoy. De acordo com os investigadores, é possível obter um elevado rendimento deste produto de base implementando o processo de produção da seguinte forma: é necessário dissolver a mirabilite com vapores de sumo da fase de evaporação na presença de fluidos circulantes e, em seguida, efetuar uma purificação adicional. soluções de hidróxido de sódio e carbonato

A entrada de ajuste proposta pelos autores, de acordo com um esquema incompleto - é realizada apenas com a produção de mirabilite e os processos de desidratação e secagem não foram dominados por várias razões. O funcionamento completo e o bom controlo do processo de cristalização da mirabilite foram demonstrados pelos testes realizados durante o funcionamento da instalação. Simultaneamente, verificou-se um elevado nível de sedimentação das superfícies internas dos moldes, o que por sua vez provoca a necessidade de lavagens frequentes, o que também é caraterístico de outros esquemas de obtenção de mirabilite a partir de soluções, por exemplo, na produção de fibras sintéticas, cristalização a partir da salinidade dos lagos. De acordo com os autores, a elevada intensidade energética do processo está relacionada com o facto de a instalação proposta levar frio artificial, o que constitui um grande inconveniente.

Os cientistas determinaram a conveniência de obter sulfato de sódio comercial a partir da mirabilite da mina de Tumruksoy, em primeiro lugar, dissolvendo o sal, depois removendo o resíduo insolúvel, cristalizando o sulfato de sódio decahidratado e, finalmente, separando o produto da solução obtida pela dissolução do sulfato de sódio decahidratado.

Os investigadores determinaram a composição da mirabilite natural do depósito de Tumruksoy, que contém 50 a 98,7% de mirabilite, 8,3% de gesso, 2,4% de epsomite, 0,2-0,3% de halite e substâncias insolúveis em água. os restantes 6-12%. Devido ao facto de ter bons indicadores de qualidade e quantidade, é definitivamente desejável obter sulfato de sódio de acordo com o esquema, que inclui a dissolução e evaporação do sal da mirabilite natural da mina de Tumruksoy, separando e limpando o resíduo insolúvel. O passo de lixiviação do sulfato de sódio da mirabilite natural, ao contrário do método conhecido, foi efectuado com água a uma temperatura de 50°C, removendo simultaneamente impurezas relevantes como o cálcio, o magnésio, o cloro, etc. A possibilidade de obter o sulfato de sódio de grau mais elevado a partir da mirabilite natural da mina de Tumruksoy é demonstrada da seguinte forma: dissolução da mirabilite em água com limpeza simultânea das soluções de resíduos insolúveis em água e impurezas; evaporação da água e obtenção do produto desejado. O rendimento do sulfato de sódio de grau mais elevado é superior a 90% e, ao contrário do método conhecido, o rendimento do sulfato de sódio técnico é quase inexistente

Uma diminuição do grau de dissociação electrolítica do sulfato de sódio, um aumento da percentagem de etanol numa solução de água-álcool foi demonstrada pelo método condutométrico. Os cientistas [descobriram que a constante de dissociação do sulfato de sódio diminui com o aumento da concentração de álcool na solução.

O problema da transformação de produtos condensados de enxofre obtidos através da produção de metais não ferrosos foi amplamente discutido pelos autores. Nos seus trabalhos são apresentados os resultados dos estudos termodinâmicos e experimentais da transformação do enxofre sulfatado para obtenção do sulfureto de sódio, bem como do alcalino (NaOH). Nos trabalhos, os cientistas não só determinam as condições para a conversão do sulfato em sulfureto de enxofre, o que proporciona uma elevada conversão, mas também mostram a eficácia da utilização do sulfato de sódio como material de base para a produção química de NaOH em $Na_2 SO_4$. O sistema CaO fornece quase 100% de produção de $Na_2 O$.

Como resultado de estudos, são propostas composições de misturas líquidas e plásticas auto-endurecedoras. O sulfato de sódio anidro, com um módulo de finura de 140 a 70, confere às areias de moldagem com lignossulfonatos técnicos novas propriedades reológicas e físico-mecânicas: elevada fluidez, velocidade de solidificação, resistência e facilidade de hidrocorte.

A utilização de sulfato de sódio para produzir bicarbonato de sódio e sulfato de amónio permite uma taxa de utilização de sódio de 95% em vez de 70% no método Solvay. Além disso, o método Solvay está associado a grandes emissões de cloreto (até 9 m^3 por tonelada de carbonato de sódio). A utilização de sulfato em vez de cloreto de sódio torna possível a produção de soda sem resíduos devido à libertação simultânea de carbonato de sódio e sulfato de amónio - um fertilizante azotado. O método do amoníaco para obter água com gás a partir do sulfato de sódio baseia-se na reação

$$Na_2 SO_4 + 2CO_2 + 2NH_3 + 2H_2 O = 2NaHCO_3 + (NH)_{42} SO_4 \quad (1)$$

Neste processo, em vez de cloreto de amónio, forma-se sulfato de amónio, que é removido da solução por evaporação e arrefecimento. A utilização de matérias-primas neste processo é de 95-97%.

A mina de Severnaya tem 11,4 milhões de toneladas de reservas de sal, uma espessura mineral média de 1,5 m, um teor médio de mirabilite de 92,85% e uma densidade de massa de 1310 kg/m3. Os recursos estimados das minas Sul e Leste são de 2,0 milhões de toneladas, a quantidade média de mirabilite é de 80,9 e 82,9%, respetivamente.

A bacia de potássio da Ásia Central, com uma área de mais de 35.000 km2, é uma das maiores bacias de potássio conhecidas. As reservas industriais de sais de potássio, localizadas a uma profundidade de até 1200 m (disponíveis para extração), estão estimadas em 25 mil milhões de toneladas e concentram-se nas cristas sudoeste da cordilheira Hisar.

Foram identificadas no Usbequistão reservas industriais de sais de potassa (Tyubegatan, Lyalimkan, Aqbosh, Khoja-Ikan, Khamkan, Boybichekan, etc.), que constituem uma matéria-prima fiável para o desenvolvimento da indústria da potassa e do ferro.

Dos depósitos de sal de potássio acima enumerados, Tyubegatanskoye é o mais interessante. Tubegatan é uma mina situada na parte nordeste da bacia.

A estrutura de Tubegatan é constituída por três dobras: As estruturas assimétricas de Kurgontash, Karachagat e Tubegatan. Existem dobras íngremes, quase verticais, na vertente sudeste, especialmente na parte sudeste, na área da nascente de sal de Khojaypaq, há vestígios de falhas tectónicas. Falhas semelhantes estão presentes na parte nordeste da mina, ao longo da qual o calcário lusitano de idade jurássica superior está exposto em alguns locais.

A presença do mineral potássico dominante silvina, carnalite, penetra em lentes separadas, por vezes pequenos veios, argilas salinas.

Nesta parte da cordilheira, a Formação Halogénio do Jurássico Superior (Formação Gaurdak) tem uma estrutura de três membros. Subjacente, encontra-se uma camada de anidrite com uma espessura de 156 a 420 m. Forma contactos raros com as anidritas principais, passando depois gradualmente sob a forma de mistura de anidritas e rochas de anidrite-halite com sal-gema. A parte superior da camada de sal é potássica. Uma camada de anidritas argilosas com uma espessura de 1 a 10-15 m, de dezenas a 300 m, contendo 1-2 a 9-11 camadas potássicas, de vários metros a 20-25 m, é colocada no topo da camada de sal.

Essa estrutura é geralmente preservada para todos os depósitos conhecidos de K-sal do Halogénio Jurássico Superior no sul da Ásia Central, mas a espessura, estrutura e composição litológica dos pacotes variam e dependem significativamente da posição do depósito. bacia de sal. Nas minas localizadas na parte nordeste da bacia (Tyubegatan, Aqbosh, Lyalimkan), as camadas potássicas são menos espessas e as misturas de anidrite e haloplite são mais abundantes nos sais.

Nos depósitos de Karlyukskoye e Karabilskoye, localizados na parte sudoeste da bacia, as camadas de potássio distinguem-se pela sua elevada espessura e abundância na sua secção. Assim, foram registados dois horizontes de potassa na área de Akbash, três em Tubegatan (uma camada industrial até 10,6 m de espessura), em Gaurdak - 7 camadas e lentes, três das quais são industriais. Foram identificadas 18 camadas, intercamadas e lentes na secção de sal da mina de Karluk, incluindo seis (até 40 m de espessura ou mais) destinadas a utilização industrial. Em Tubegatan, Akbash e Lyalimkan, o mineral de potássio sylvin é dominante e a presença de carnalite penetra em lentes separadas, por vezes pequenos veios e argilas salinas. Na mina de Karluk formaram-se camadas espessas de carnalite. Na mesma direção, de nordeste para sudoeste, a quantidade de potássio também aumenta, o que é expresso em milhões de toneladas de sais de potássio em bruto por quilómetro da área estudada: 10 na mina de Tubegatan, 40 em Okuzbulakskoe e 43 em Karlyukskoe.

O mineral formador de rocha mais comum nas rochas salinas dos depósitos estudados é a halite, que constitui mais de 80% dos sais. Depois da halite, o segundo mineral rochoso mais abundante é a silvina (-10% do volume total de sal). Normalmente, a silvina encontra-se em paragénese com halite, carnalite, gallolellites, menos frequentemente com anidrite. Nos depósitos da parte nordeste da região (Tyubegatan, Akbash), a silvinite sob a forma de compostos monominerais é muito rara e forma apenas pequenas camadas intermédias com uma espessura de 5-10 cm; são mais comuns nas partes sudoeste da bacia (Khoja-Ikan, Karabil), onde existem camadas de 2-3 cm de espessura compostas por silvinite com 95-98% de KCI. Nas minas da parte nordeste (Tübegatan, Akbash), a carnalite desempenha um papel secundário e não excede 2%. Nos sedimentos da parte sudoeste da região (Khoja-Ikan, Karabil, Karluk), o seu papel aumenta e torna-se um componente que forma rochas.

No estudo da composição material das rochas salinas, foram identificados os seguintes tipos de minérios sal-gema com inclusões de silvina (KCI<5%), sal-gema com silvinite (KCI de 5 a 10%); silvinite pobre (KCI de 10 a 20%); silvinite rica em KCI 20% a 50%, silvinite muito rica (KC1> 50%), silvinite com carnalite (20% de silvinite, 10% de carnalite), silvinite muito rica com adição de carnalite (50% de silvinite, carnalite5) 10%, carnalite pobre (carnalite de 10 a 20%); carnalite rica (carnalite > 20%).

A partir da análise dos dados sobre a composição do cloreto de magnésio e a sua distribuição nos depósitos de potássio da bacia de potássio da Ásia Central, pode concluir-se que, juntamente com as silvinites, contêm uma grande quantidade de minérios mistos de carnalitesilvinite, silvinite-carnalite, para os quais, como já foi referido, a atual tecnologia de extração e transformação é suficientemente fiável e eficaz

O mineral formador de rocha mais comum nas rochas salinas dos depósitos estudados é a halite, que constitui mais de 80% dos sais. O segundo mineral rochoso mais abundante depois da halite é a silvina (-10% do volume total do sal). Normalmente, a silvina encontra-se em paragénese com halite, carnalite, gallolellite, menos frequentemente com anidrite. Nos depósitos da parte nordeste da região (Tyubegatan, Akbash), a silvina sob a forma de compostos monominerais é muito rara e forma apenas pequenas camadas intermédias com uma espessura de 5-10 cm; são mais comuns nas partes sudoeste da bacia (Khoja-Ikan, Karabil), onde existem camadas de 2-3 cm de espessura compostas por silvinite com 95-98% de KCI. Nas minas da parte nordeste (Tübegatan, Akbash), a carnalite desempenha um papel secundário e não excede 2%. Nos sedimentos da parte sudoeste da região (Khoja-Ikan, Karabil, Karluk), o seu papel aumenta e torna-se um componente que forma rochas.

No estudo da composição material das rochas salinas, foram identificados os seguintes tipos de minérios sal-gema com inclusões de silvina (KCI<5%), sal-gema com silvinite (KCI de 5 a 10%); silvinite pobre (KCI de 10 a 20%); silvinite rica em KCI 20% a 50%, silvinite muito rica (KC1> 50%), silvinite com carnalite (20% de silvinite, 10% de carnalite), silvinite muito rica com adição de carnalite (50% de silvinite, carnalite5) 10%, carnalite pobre (carnalite de 10 a 20%); carnalite rica (carnalite > 20%).

A partir da análise dos dados sobre a composição do cloreto de magnésio e a sua distribuição nos depósitos de potássio da bacia de potássio da Ásia Central, pode concluir-se que, juntamente com as silvinites, contêm uma grande quantidade de minérios mistos de carnalitesilvinite, silvinite-carnalite, para os quais, como já foi referido, a atual tecnologia de extração e transformação é suficientemente fiável e eficaz

Os recursos de silvinite são estimados em 500 milhões de toneladas. Dos depósitos de sal de potássio acima referidos, os depósitos de Tubegatan e Karluk são de grande interesse. Tubegatan tem 3 horizontes de potássio (entre 117 e 956 m abaixo da superfície) intersectados por 40 poços numa área de 81,3 km2. A espessura média da camada industrial (fundo II) é de 5,1 m; é constituída por minérios de silvinite (KCI+NaCl), com um teor médio de KCI de 36,88%, $MgCl_2$ 0,24%, n.d. - 3,74%. Reservas pesquisadas de sais de potássio nas categorias A, B, C - 400,3 milhões de toneladas (93,4-94,0 milhões de toneladas de K_2 O), nas categorias C2 - 285,5 milhões de toneladas. (65,1 milhões de toneladas) t K_2 O). As reservas previstas para a categoria Pi são de 500 milhões de toneladas de sais de potássio em bruto (103,6 milhões de toneladas de K_2 O).

A unidade potássica no depósito de Karlyuk inclui até 16 camadas, lentes e camadas intermédias de sais de potássio, 6 das quais são industriais, mas consistem principalmente em carnalite de silvinite: o teor médio de KCI é de 27,5 a 35,0%, $MgCI_2$ - de 6,07 a 10,6%. As reservas totais estimadas de sais de potássio neste depósito são de 685,9 milhões de toneladas (K_2 O 185,6 milhões de toneladas), mas os minérios de silvinite representam apenas 30,6%, o que corresponde à proporção de minérios de silvinite-carnalite (de 5,4% a 14,6% com $MgCI_2$). virá) cerca de 70%.

Assim, as reservas estudadas de K_2 O em silvinites nos depósitos de Tyubegatanskoye e Karlyukskoye são de 158,6 e 170,0 milhões de toneladas, respetivamente, mas a possibilidade de aumentar as reservas de minérios de silvinite no depósito de Karlyukskoye é limitada, enquanto no Tube está projectada. (103 milhões de toneladas de K_2 O).

1.3. Soluções técnicas no domínio da obtenção de sulfato de potássio-amónio e de sulfato de potássio

O sulfato de potássio ou sulfato de potássio é um cristal incolor com uma densidade de 2,66 g/cm^2 e um ponto de fusão de 1074 C°. A solubilidade em água é de 11,1 g por 100 g de água a 20°C, 24,1 g a 100°C. O K_2SO_4 é raro na natureza e encontra-se na forma cristalina com sulfatos de cálcio, magnésio e sódio no sal de potássio de Staat Furt. Encontra-se em sais naturais como a cainite, a schenite, a leonite, a langbeinite, a glaserite e a polialite, que são matérias-primas para a produção de sulfato de potássio.

Existem muitas formas de obter K_2SO_4 utilizando minérios de potássio naturais do tipo sulfato, bem como cloreto de potássio e sulfatos de vários compostos conservadores de sulfato - sódio, magnésio, ferro, cálcio, amónio, ácido sulfúrico, etc.

Na maioria das vezes, o sulfato de potássio como fertilizante é obtido a partir de matérias-primas naturais - minérios de sulfato de potássio pelo método halúrgico. O processo baseia-se na diferente solubilidade dos sais que compõem os minérios, dependendo da temperatura. A essência do processo é fundir a matéria-prima triturada no líquido processado a 60-70°C, remover o líquido forte do sistema, produzir schenite a partir dele e reciclá-lo com água para sulfato de potássio.

O método de conversão para a produção de sulfato de potássio com base em cloreto de potássio e vários sais de sulfato é de particular importância. A base teórica destes processos são os sistemas K^+, Na //Cl^{+-}, SO_4^{-2}, H_2O; K^+, Na //Cl^{+-}, SO_4^{-2}, H_2O; K^+, Na //Cl^{+-}, SO_4^{-2}, H_2O; K^+, Na //Cl^{+-}, SO_4^{-2}, H_2O, etc.

O Canadá domina a produção industrial de sais naturais de sulfato de potássio e sulfato de sódio a partir do cloreto de potássio. Nos EUA, foi desenvolvido um método de obtenção de sulfato de potássio obtido do Lago Searles.

O método de conversão para obtenção de sulfato de potássio por decomposição do cloreto de potássio com ácido sulfúrico é muito utilizado. Nos EUA, França, Bélgica, Japão e China, o método de conversão para obter K_2SO_4 através da decomposição do cloreto de potássio com ácido sulfúrico é amplamente utilizado.

Foi desenvolvido um método de obtenção de sulfato de potássio por decomposição do cloreto de potássio com sulfato ferroso, redução hidrotérmica da langbeinite com coque a partir de sais naturais de potássio e magnésio e tratamento térmico com cloreto de potássio e langbeinite ou outros sais de potássio e magnésio.

Estudo da relação entre os componentes do sistema K^+, Na $//Cl^{+-}$, SO_4^{-2}, H_2O L.I. Znelavsky, BETBETSinani e A.A. Em resultado de muitos anos de investigação, Sokolov determinou que é conveniente efetuar o processo de conversão em duas fases através de um produto intermédio - a glaserite.

Foi desenvolvido o método de obtenção de sulfato de potássio a partir das matérias-primas hidrominerais do lago Kuchuk, dos lagos Arolboi e Karabogizgala através da interação do cloreto de potássio com a epsomite. A base deste processo são os sistemas K^+, Na $//Cl^{+-}$, SO_4^{-2}, H_2O e K_2SO_4 - $MgSO$ -$H_{42}O$. As propriedades físico-químicas dos sistemas baseiam-se na tecnologia de transformação de minerais como a schenite, a leonite, a langbeinite e a polialite em sulfato de potássio. Para obter um elevado rendimento de sulfato de potássio, é aconselhável efetuar o processo a 25°C em duas fases com o isolamento de um produto intermédio, a schenite.

É conhecido um método de obtenção de cloreto de potássio e sulfato de potássio a partir do gesso, baseado nas propriedades físico-químicas do sistema K^+, Ca^{2+} // Cl^-, SO_4^{2-} -H_2O. Desenvolvimento da tecnologia, segundo a qual o processo é realizado em duas fases: na primeira fase obtém-se a singenite (K_2SO_4 -$CaSO_4$ -H_2O), na segunda fase é decomposta em sulfato de potássio.

A transformação das rochas salinas da República é conhecida - minas de Kushkantov e Akkala. A justificação físico-química dos processos de transformação baseia-se nos dados de solubilidade dos sistemas Na, Mg, Ca//SO $H_4^{-2}{}_2$ O e K, Mg//Cl, SO - $H_4^2{}_2$ O. Para processar o estado de sal de Kushkantov, a solução de mistura de astrakhanite-halite foi arrefecida a 5°C, a mirabilite foi separada na fase sólida e o filtrado foi evaporado após o filtrado ter sido evaporado para separar a halite pura. saturação e foi obtida uma concentração de 42% de $MgCl_2$. Tendo em conta que a epsomite é um dos principais minerais formadores de rocha da mina de Akkala, foi utilizada a tecnologia de epsomite ascored para obter K_2SO_4.

Foi desenvolvido um método de obtenção de K_2SO_4 contendo 46-52% de K_2O, de acordo com um esquema de duas fases. Na primeira fase, o sal de hidrossulfato de tripotássio $K_3H(SO)_{42}$ é parcialmente formado pela reação do ácido sulfúrico com K_2SO_4. O sal resultante decompõe-se no segundo sal na presença de uma quantidade estequiométrica de cloreto de potássio. O processo é efectuado, na primeira fase, a 150-200°C e, na segunda, a 450-500°C.

Está patenteado um processo de produção de adubo de potássio sem cloro que inclui a reciclagem de KCI, o tratamento de KCI com ácido fluorossilícico, a separação do silicofluoreto de potássio por filtração e o tratamento térmico a >975°C durante >1 hora. O fluoreto de potássio é tratado com um componente que contém cálcio para obter tetrafluoreto de silício absorvido pela água e o ácido fluorossilícico resultante é devolvido ao início do processo para produzir um adubo sem cloro e fluoreto de cálcio. O nitrato de cálcio ou o sulfato de cálcio são utilizados como componentes que contêm cálcio. O método permite criar uma nova tecnologia para a produção de adubos de potássio sem cloro, que podem ser utilizados como componentes de potássio para adubos complexos de potássio sem cloro.

É descrito um método para a produção de sulfato de potássio utilizando sulfato de sódio e cloreto de potássio. O método envolve um processo de cristalização com a formação de um líquido circulante contendo sulfato, sódio e cloreto. O líquido circulante é enviado para o módulo de isolamento de aniões, onde é recolhido o fluxo de atraso ou o retentado rico em sulfato, que é reciclado e utilizado para produzir sulfato de potássio. Além disso, um módulo de isolamento aniónico produz permeado, perdido em sulfato mas contendo sódio e cloreto, que é enviado para um cristalizador de cloreto de sódio para produzir cloreto de sódio.

A invenção diz respeito à tecnologia de produção de fertilizantes minerais, incluindo a interação de sulfato de amónio com cloreto de potássio na presença de aditivos, que é utilizado como ureia na razão molar de ureia e sulfato de amónio (3-5): 1.0.

No método de obtenção de adubo de potássio isento de cloro por tratamento térmico de uma mistura de matérias-primas de aluminossilicato com elevado teor de silício e carbonato de metal alcalino, o sinirsium é utilizado como matéria-prima de aluminossilicato e o carbonato ou bicarbonato de potássio é utilizado como sal carbónico de metal alcalino, que tem uma razão molar de $SiO_2/K_2O = 0,28-0,50$ e o tratamento térmico é efectuado a 800-850 °C durante 0,5-3 horas.

A invenção diz respeito à tecnologia de produção de silicatos solúveis em potássio, ou seja, métodos de obtenção de fertilizante de silicato carboxílico utilizado na agricultura como fertilizante potássico para solos ácidos e outros. De acordo com o método proposto, a sílica amorfa é tratada e tratada com uma solução alcalina de sílica potássica contendo 180-185 g/l de K_2O, 220-225 g/l de carbonato K_2O e 115-120 g/l de SiO_2 . é realizada a uma temperatura de 80-70 °C durante 20-50 minutos até que a razão molar $K\ O\text{-}SiO_{22}$ = 0,98-1,02. O produto do tratamento hidroquímico dos minérios de pseudoleucite é utilizado como solução alcalina. O método proposto é fácil de aplicar e permite obter um produto não higroscópico.

De acordo com o método para a produção de fertilizante de nitrogênio-potássio, que inclui o tratamento de hidrogenossulfato de potássio com nitrato de metal em meio aquoso, neutralizando a suspensão com amônia ou água de amônia, separando o precipitado de sulfato de metal e desaguando o líquido circulante. nitrato de bário ou nitrato de estrôncio é usado como nitrato de metal. É aconselhável neutralizar primeiro a suspensão com amoníaco a pH 1-5, o precipitado de sulfato metálico é separado e, em seguida, a solução é neutralizada a pH 5-7.

O hidrossulfato de potássio $KHSO_4$ contém um elevado teor de iões H_2SO_4 - (38,2% em peso), o que confere ao composto um ambiente ácido, pelo que esta substância pode ser utilizada como adubo pronto a usar, mas é necessária a etapa de neutralização do hidrossulfato de potássio. O estudo da neutralização do hidrossulfato de potássio com amoníaco gasoso mostrou que, em resultado da interação do NH_3 e do $KHSO_4$, se forma uma mistura de hidrossulfato de potássio e amoníaco $(KNH_4H)_2(SO)_{43}$ e de trihidrossulfato de potássio $K\ H_{53}(SO)_{44}$. Isto indica que o processo de neutralização do hidrossulfato de potássio com amoníaco gasoso não se prolonga até ao fim

Método de obtenção de um adubo de potássio sem cloro através da reação de sulfato de amónio e cloreto de potássio na presença de um agente orgânico de salga - dimetilformamida na quantidade de 20-30 % em peso. Durante a interação entre o cloreto de potássio e o sulfato de amónio no meio aquoso, apenas 78% do adubo sem cloro cai na fase sólida. No entanto, se esta conversão for efectuada na presença de dimetilformamida (15 g.%), o rendimento do adubo isento de cloro é de 90,8%.

O método de obtenção de um adubo azotado potássico isento de cloro sob a forma de um sal duplo de sulfato de potássio-sulfato de amónio [$5K_2 SO_4$ *(NH)$_{42}$ SO_4] é realizado através da conversão de KCI em sulfato de amónio de acordo com a reação [10KCI] +6(NH)$_{42}$ SO_4 = $5K_2$ SO_4 *(NH)$_{42}$ SO +10NH$_{44}$ CI] solução, saturada com sais duplos de NH$_4$ CI, a suspensão é aquecida a 90°C, depois arrefecida à temperatura ambiente e misturada com um gradiente de arrefecimento de 0.3-0,35 graus. /min, e a separação dos produtos finais da reação (sal duplo de sulfato de potássio-amónio e NH$_4$ CI) é efectuada pelo método de flutuação com a ajuda de um coletor de reagentes, lauril sulfato de sódio, introduzido na quantidade de 25-50 g por tonelada. sais flutuantes.

O adubo complexo isento de cloro é obtido pela reação do composto natural de potássio e magnésio com sulfato de amónio numa solução saturada de sulfato de amónio a uma temperatura de 0 a 90°C até se atingir a quantidade mínima de iões magnésio na fase sólida formada. 6 p.a. Simplificar e reduzir o custo do processo, proporcionando a possibilidade de regular as proporções dos componentes úteis no produto final. O método proposto é o seguinte. As matérias-primas naturais de potássio-magnésio, como a carnalite e o sulfato de amónio, são misturadas em água à temperatura normal, por exemplo, 25°C, ou as matérias-primas de potássio-magnésio são adicionadas a uma solução aquosa saturada de sulfato de amónio. Neste caso, o processo de conversão das fases sólidas iniciais numa nova fase sólida (KNH)$_{42}$ SO_4 MgSO *6N$_{42}$ O, shenite de potássio e amónio, é designado pelos autores como amónio, potássio e magnésio (AKM). O produto final resultante, ou seja, o adubo complexo sem cloro, é separado da solução e seco.

Os carvões térmicos de cinzas de combustão a alta temperatura são tratados com potassa cáustica com um teor de K_2O de 120-200 g/dm^3 a 95-105°C durante 2,5-3,5 horas numa relação molar de $SiO_2 : K_2O = 0,95$-1,05, resultando em será. como resultado da reação, a massa é filtrada e o filtrado é evaporado. O objetivo da invenção é a proteção do ambiente. Este objetivo é alcançado através da utilização de cinzas de combustão de carvão térmico a alta temperatura como matéria-prima contendo silicato num processo que envolve o tratamento da matéria-prima com uma solução alcalina e a evaporação da solução resultante de silicato de potássio. com uma solução contendo 120-200 g/dm^3 K_2O a 95-105°C numa razão molar de 2,5-3,5 horas. $SiO_2 : K_2O = 0,95$-1,05 em solução, depois separa-se a parte sólida, que é um concentrado de alumina. A utilização de cinzas assegura a transição de SiO_2 para a razão molar SiO $/K_{22}O$ -1 devido à presença de cristalbolite nas cinzas, e a pequena transição de $Al\,O_{23}$ para a solução é explicada pela sua dependência. com SiO_2 quase inteiramente em mullite.

Adubos de potássio e magnésio isentos de cloro a partir de minérios de polialita relacionados com a tecnologia de produção da invenção. A invenção está relacionada com o domínio da química inorgânica e pode ser utilizada no processamento de minérios de polialite para schenite. O minério de polialite triturado é calcinado a temperaturas superiores a 450°C, fundido para obter uma suspensão, após o que uma mistura de halite, sulfato de cálcio e compostos insolúveis é separada por condensação e filtração. A solução clarificada resultante é arrefecida a uma temperatura de 15-25°C para cristalizar a schenite. Cristalização - a schenite é seca a uma temperatura de 190-210°C, e o líquido obtido após a cristalização é devolvido à fusão. Efeito: a invenção permite eliminar a acumulação de minério de polihalite no processo de combustão, reduzir o consumo de energia e eliminar os resíduos da produção de líquidos.

Adubos potássicos a partir de resíduos de produção de acordo com os métodos da invenção. Este objetivo é alcançado através de um método conhecido, filtrando a mistura de sulfatos com uma solução de hidróxido de potássio e transformando o $K_2 SO_4$ resultante numa pasta $K_2 SO_4$ de 800-900. g de sólidos por 1 litro a pH 7,8-8,5 e temperatura 58-60°C, a solução $MnSO_4$ é adicionada com agitação constante, depois a fase sólida é separada e o produto resultante é seco. É aconselhável agitar continuamente a solução de sulfato de manganês a 28-30°C durante 30-32 minutos na quantidade de 33,5-41,5 kg/t de sólidos. Para obter sulfato de potássio com manganês que cumpra os requisitos do GOST 546578, foi desenvolvido um método de introdução de microelementos de manganês no adubo $K_2 SO_4$. O manganês é doseado sob a forma de uma solução de sulfato de manganês a 24%, à razão de 36 kg de $MnSO_4$ por 1 tonelada de matéria sólida (sulfato de potássio).

1.4. Conclusões da análise da literatura

A produção de fertilizantes minerais está a desenvolver-se rapidamente na nossa república. Este desenvolvimento não tem apenas um aspeto quantitativo, mas também qualitativo: a base de matérias-primas está a expandir-se, a tecnologia e o equipamento estão a ser melhorados, a variedade de fertilizantes minerais está a aumentar e a sua qualidade está a aumentar.

As estufas, um ramo da agricultura em crescimento, necessitam de fertilizantes à base de potássio sem cloro. A República ainda não os produz e importa-os do estrangeiro. O desenvolvimento da tecnologia de produção de sulfato de potássio a partir de matérias-primas existentes na nossa república é um problema económico importante.

Nas últimas décadas, aumentou a procura de fertilizantes de potássio sem cloro, entre os quais o sulfato de potássio ocupa um lugar especial. A sua produção está a aumentar de ano para ano, mas a procura não está a diminuir. Isto deve-se principalmente ao aumento da utilização da irrigação por gotejamento, ao cultivo de produtos agrícolas em estufas e ao cultivo de legumes e frutas em estufas tolerantes ao cloro.

Uma análise crítica das fontes bibliográficas existentes mostra que o desenvolvimento e a melhoria de uma tecnologia contínua sem resíduos para a produção de sulfato de potássio e cloreto de sódio através da conversão de cloreto de potássio de flotação em sulfatos de sódio é uma tarefa urgente. A necessidade de sais de sulfato de potássio da nossa república é de mais de 100.000 toneladas por ano, mas apesar da disponibilidade de todos os tipos de matérias-primas locais para a sua produção, eles não são produzidos devido à falta de tecnologia cientificamente desenvolvida. Esta tese de mestrado é dedicada à resolução deste problema urgente. Não existe informação sobre estas questões nas fontes literárias disponíveis. A resolução dos problemas acima referidos é o principal objetivo e tarefa desta tese de mestrado.

CAPÍTULO II. CARACTERÍSTICAS DOS PRODUTOS DE BASE, INTERMÉDIOS E ACABADOS

§ 2.1. Características dos materiais utilizados e métodos de realização de experiências

Utilizámos cloreto de potássio de flotação de acordo com GOST 4568-95 [100] produzido a partir das silvinites da mina de Tubegetan na fábrica de potassa de Dehkhanabad OJSC para realizar experiências sobre o desenvolvimento da tecnologia de obtenção de sulfato de potássio pelo método de conversão. Sulfato de sódio da mirabilite da mina de Tumruksoy de acordo com GOST 5644-75 [101], mirabilite da mina de Tumruksoy. A mina de Tubegetan, localizada no sul do Turquemenistão, é a maior e mais bem explorada, com reservas de mais de 400 milhões de toneladas de sais de potássio. A quantidade média de cloreto de potássio é de 36%.

A mina de mirabilite de Tumruksoy situa-se a 20 km a oeste da estação ferroviária de Jasliq do ramal Kungirot-Baikeu na região de Kungirot da República de Karakalpakstan. A mina de Tumruksoi distingue-se das outras minas não só pela elevada concentração de mirabilite (valor médio de 83,3%, 92,8% no contorno de cálculo da reserva), mas também pelas condições de exploração favoráveis. As reservas de mirabilita são estimadas em 11.403.000 toneladas ou 5.029.000 toneladas de Na_2SO_4 .

O pó de cloreto de potássio para flotação (fino) contém 60% de K_2O ou 95% de KCl.

Os estudos sobre a conversão do cloreto de potássio de flotação com soluções de mirabilite foram efectuados num modelo de laboratório constituído por um reator de vidro equipado com um agitador e colocado num termóstato.

A matéria-prima utilizada na investigação - cloreto de potássio de flotação da Dehkhanabad Potash Plant OJSC - tem a seguinte composição química, peso. %: KCl - 95,3; NaCl - 2,97; But. - 1,1; H_2O - 0,43; Mineralidade da mina de Tumruksoy, composição (wt.%): Na_2SO_4 - 44,8; $MgSO_4$ - 0,72; $CaSO_4$ - 2,50; NaCl - 0,3; But. - 0,7.

§ 2.2. Métodos de análise química e de investigação físico-química

O potássio foi determinado por formação de um precipitado de perclorato de potássio insolúvel em álcool etílico e determinação da sua massa.

O sódio foi determinado pelo método fotométrico de chama.

O cálcio e o magnésio foram determinados pelo método complexométrico. O método baseia-se na alteração da cor do indicador na interação dos iões de cálcio e magnésio com o tritão B (cálcio na determinação do magnésio e azul escuro na determinação do crómio ácido).

Os sulfatos foram determinados gravimetricamente. O método baseia-se na precipitação dos sulfatos com cloreto de bário num meio ácido, seguida da pesagem do precipitado.

A água nas amostras sólidas foi determinada por secagem em estufa a 100-105°C até peso constante.

A densidade das soluções e das pastas foi determinada com um picnómetro PZh-2. A viscosidade cinemática das soluções e das polpas foi medida com viscosímetros capilares de vidro VPZh-1 e VPZh-2.

O estudo do equilíbrio de fases heterogéneas em sistemas foi realizado pelo método visual-politérmico. A essência deste método consiste em observar visualmente a temperatura de formação dos primeiros cristais durante o arrefecimento uniforme ou o desaparecimento dos últimos cristais durante o aquecimento lento e a mistura contínua das soluções. O dispositivo de determinação da solubilidade é um tubo com rolha, com um agitador de platina ou de vidro e um termómetro com uma graduação de 0,1 °C. Para um arrefecimento uniforme, o tubo de ensaio é colocado num acoplamento de tubo externo situado na mistura de arrefecimento. O aquecimento é igualmente efectuado através da embraiagem. O arrefecimento é efectuado em recipientes Dewar com azoto líquido ou gelo seco.

A construção de diagramas de solubilidade politérmicos para os sistemas estudados foi efectuada por nós sob a forma de um triângulo retângulo. Nos diagramas politérmicos, as isotérmicas são traçadas de 5 em 5°C por interpolação com base em secções politérmicas. A determinação da composição dos pontos invariantes nodais e da temperatura de cristalização foi realizada através da projeção das curvas de solubilidade politérmicas sobre as correspondentes faces laterais de água do sistema.

As fases sólidas foram determinadas por métodos químicos, de fase de raios X e de espetroscopia de infravermelhos.

CAPÍTULO III. ESTUDO DO PROCESSO DE CIRCULAÇÃO DE CLORETO DE POTÁSSIO POR FLOTAÇÃO COM MIRABILIDADE TUMRUK

§ 3.1. Politermos de solubilidade de sistemas à base de cloreto de potássio e de sulfatos de potássio e de sódio

Para justificar físico-quimicamente os processos de transformação do cloreto de potássio em sulfato de sódio, os sistemas $Na_2 SO_4$ - KCl - $H_2 O$ e $K_2 SO_4$ - KCl - $H_2 O$ foram estudados pelo método visual-politérmico.

A solubilidade dos componentes do sistema $Na_2 SO$ -KCl-$H_{42} O$ foi estudada utilizando oito secções transversais internas. Com base nos politermos de sistemas binários e secções transversais internas, foi construído um diagrama de solubilidade politérmica para este sistema na gama de temperaturas de -12,2 a 68,8°C, que é apresentado na Fig.

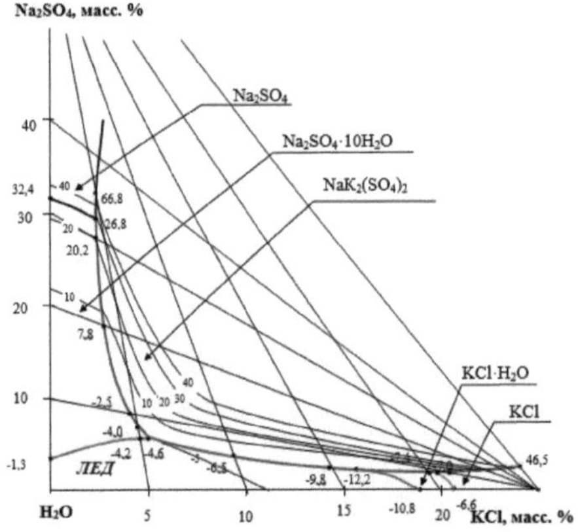

Figura 3.1. Diagrama de solubilidade do sistema $Na_2 SO_4$ - KCl-H O_2

No diagrama de solubilidade politérmico, estão delimitadas as áreas de cristalização do gelo, $Na_2 SO_4$ -10$H_2 O$, $Na_2 SO_4$, KCl $H_2 O$, KCl e a nova fase $NaK_2 (SO)_{42}$. Para identificar um novo composto, isolámos cristais do composto da área aproximada de cristalização e estudámo-lo por métodos de análise química e físico-química.

A composição de dois e três pontos do sistema $Na_2 SO_4$ -KCl-H_2O é apresentada na Tabela 3.1.

Quadro 3.1

$Na_2 SO_4$ -KCl-$H_2 O$ dois e três pontos do sistema

A composição da fase líquida, %			Tembet krist, °C	Fase sólida
$Na_2 SO_4$	KCl	$H O_2$		
4,9	-	95,1	-1,3	$+Na_2 SO_4$ -10H O_2
6,2	4,6	89,2	-4,2	O mesmo
6,2	5,3	88,5	-4,6	$+Na_2 SO_4$ -10H_2 O+NaK$_3$ (SO)$_{42}$
4,6	9,4	86,0	-6,5	+NaK$_3$ (SO)$_{42}$
3,8	14,2	82,0	-9,8	O mesmo
3,6	15,8	80,6	-12,2	+NaK$_3$ (SO)$_{42}$ +KCl-H O_2
-	19,1	80,9	-10,8	+KCl-H O_2
-	20,7	79,3	-6,6	KCl-H_2 O+KCl
3,5	19,6	76,9	-7,0	KCl-H_2 O+KCl+NaK$_3$ (SO)$_{42}$
3,5	19,0	77,5	-7,4	KCl-H_2 O+NaK$_3$ (SO)$_{42}$
3,8	28,7	67,5	46,5	KCl+NaK$_3$ (SO)$_{42}$
7,2	4,4	88,4	-4,0	$Na_2 SO_4$ -10H_2 O+NaK$_3$ (SO)$_{42}$
9,4	4,2	86,4	-2,5	O mesmo
18,8	3,8	77,4	7,8	-//-
28,6	3,6	67,8	20,2	-//-
29,8	3,6	66,6	26,8	$Na_2 SO_4$ -10H_2 O+Na$_3$ SO_4 +NaK$_2$ (SO)$_{42}$

| 33,0 | - | 67,0 | 32,8 | Na$_2$ SO$_4$ -10H$_2$ O+Na$_2$ SO$_4$ |
| 34,4 | 3,6 | 62,0 | 66,8 | Na$_2$ SO$_4$ +NaK$_3$ (SO)$_{42}$ |

As solubilidades dos componentes do sistema K$_2$ SO -KCl-H$_{42}$ O foram estudadas utilizando seis cortes internos. Com base nos politermos dos sistemas binários e nas secções transversais internas, foi construído um diagrama de solubilidade politérmica para o sistema acima referido no intervalo de temperaturas de -11,2 a 70°C, que é apresentado na Figura 1.

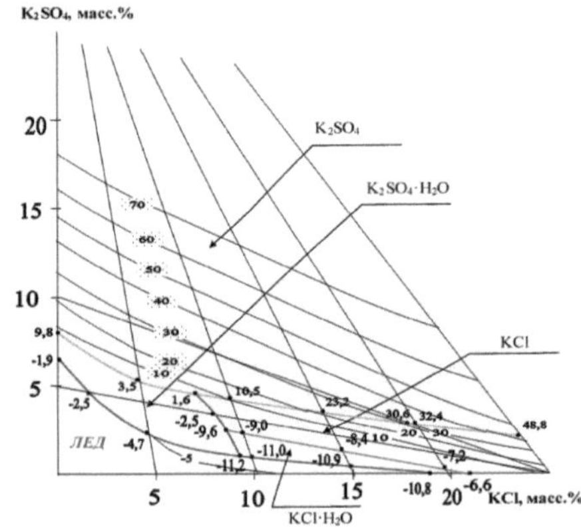

Figura 3.1. Diagrama de solubilidade do sistema K$_2$ SO$_4$ - KCl-H O$_2$

No diagrama de solubilidade politérmico, são delimitadas as áreas de cristalização do K$_2$ SO$_4$ -H$_2$ O, K$_2$ SO$_4$, K$_2$ SO$_4$ -H$_2$ O e KCl de gelo. A composição de dois e três pontos do sistema K$_2$ SO$_4$ -KCl-H$_2$ O é apresentada na Tabela 3.2.

Quadro 3.2

Dois e três pontos do sistema K$_2$ SO$_4$ -KCl-H O$_2$

A composição da fase líquida, %	Tembet krist, °C	Fase sólida

K$_2$ SO$_4$	KCl	H O$_2$		
7,2	-	92,8	-1,9	+K$_2$ SO$_4$ -H O$_2$
4,5	2,6	92,9	-2,5	O mesmo
3,6	4,3	92,1	-4,7	-//-
1,8	9,2	89,0	-11,2	+K$_2$ SO$_4$ -H$_2$ O+KCl-H O$_2$
1,7	9,8	88,5	-11,0	+KCl-H O$_2$
1,0	14,8	84,2	-10,9	O mesmo
-	19,1	80,9	-10,8	-//-
-	20,7	79,3	-6,6	KCl-H$_2$ O+KCl
0,5	19,6	79,9	-7,2	O mesmo
2,2	14,6	83,2	-8,4	-//-
2,8	9,7	87,5	-9,0	-//-
3,5	8,2	88,3	-9,6	KCl-H$_2$ O+KCl+K$_2$ SO$_4$ -H O$_2$
4,2	7,8	88,0	-2,5	KCl+K$_2$ SO$_4$ -H O$_2$
5,3	7,0	87,7	1,6	KCl+K$_2$ SO$_4$ -H$_2$ O+K$_2$ SO$_4$
6,0	4,6	89,4	3,5	K$_2$ SO$_4$ -H$_2$ O+K$_2$ SO$_4$
8,2	-	91,8	9,8	O mesmo
5,2	9,2	85,6	10,5	KCl+K$_2$ SO$_4$
5,0	14,1	80,9	23,2	O mesmo
4,6	18,5	76,9	30,6	-//-
4,5	19,2	76,3	32,4	-//-
3,8	24,2	72,0	48,8	-//-

Como se pode observar no diagrama de solubilidade do sistema, o $K_2 SO_4$ -$H_2 O$ e o $K_2 SO_4$ formam-se como uma nova fase, cuja zona de cristalização ocupa a parte principal do diagrama, o que se explica pela sua baixa solubilidade no sistema em comparação com a sua solubilidade. de outros componentes.

O composto foi isolado na forma cristalina e identificado por métodos químicos, de raios X, de espetroscopia de infravermelhos e de microscopia eletrónica de análise físico-química.

A análise química e físico-química da fase sólida separada da zona da alegada presença do composto confirmou a formação deste último.

§ 3.2. Estudo do processo de conversão da flotação de cloreto de potássio com mirabilite da mina de Tumruk.

A mirabilita da mina de Tumruksoi contém de 70 a 98,7% da substância principal, em média 90,53%, gesso 0,1-8,3%, em média 2,48%, epsomita ($MgSO_4$ ·$7H_2 O$) 0,06-2,4%, contém uma média de 0,0% de halita. 0,2-0,3%, m.d. 6 a 12%. A presença de várias impurezas na mirabilita natural de 7 a 23% não permite que ela seja usada sem purificação para obter sulfato de potássio cristalino pelo método de conversão de cloreto de potássio e sulfato de sódio. Os principais componentes das impurezas são o gesso e os resíduos insolúveis em água. Estudos efectuados mostraram que é aconselhável dissolver a mirabilite em água a uma temperatura não inferior a 50°C para obter uma solução saturada de sulfato de sódio purificado das principais impurezas. Neste caso, obtém-se uma taxa de dissolução elevada da mirabilite e, devido à sua baixa solubilidade, o sulfato de cálcio permanece no sedimento.

O cloreto de potássio de flotação contém pelo menos 95,0% da substância principal e até 5,0% de impurezas. As misturas de cloretos de sódio, magnésio e cálcio são bem solúveis em água, a sua quantidade numa solução saturada é muito pequena e quase não afecta o processo de conversão do cloreto de potássio que permanece na solução.

Para obter o sulfato de potássio a partir do cloreto de potássio de flotação da mina de Tubegatan e da mirabilite da mina de Tumruksoy, utilizámos o método de conversão de uma solução saturada de cloreto de potássio (26,8%) e de uma solução contendo 10-12% de cloreto de potássio (Tabela 3.3).

Tabela 3.3.

Efeito da temperatura na densidade e viscosidade de soluções saturadas (26,8%) e a 10% de cloreto de potássio.

O teor de KCl na solução, %	Densidade, g/sm³				Aderência, sPz			
	20°C	40°C	60°C	80°C	20°C	40°C	60°C	80°C
26,8	1,184	1,171	1,158	1,146	0,905	0,835	0,719	0,605
10	1,058	1,050	1,044	1,038	1,021	0,811	0,665	0,583

O método de conversão para a produção de sulfato de potássio baseia-se na interação de troca entre o cloreto de potássio e vários sais contendo sulfato de acordo com a reação:

$$KCl + MeSO_4 = K_2 SO_4 + MeCl_n \quad (3.1)$$

$$Me - Na^+, NH^{4-}, H+, Ca^{2+}, M^{2+} \quad (3.2)$$

As matérias-primas mais adequadas para as condições do Uzbequistão são o cloreto de potássio de flotação, a mirabilite ou o sulfato de sódio, o sulfato de amónio. A base deste processo é a solubilidade dos sais no sistema K^+, Na $//Cl^{+-}$, $SO_4^{2-} - H_2 O$. Os componentes deste sistema estão bem estudados numa vasta gama de temperaturas. Foi demonstrado que a área de cristalização do sulfato de potássio é muito menor do que a área de cristalização da glaserite $(NaK)_{32}(SO)_{44}$, pelo que a conversão em meio aquoso pode ser efectuada em duas fases: a formação de glaserite na primeira fase e a sua decomposição em sulfato de potássio na segunda fase.

A obtenção de $K_2 SO_4$ através da conversão de cloreto de potássio numa solução aquosa de sulfato de sódio ou mirabilite é caracterizada pelas seguintes reacções

$$6KCl + 4Na_2 SO_4 + H_2 O = Na_2 SO_4 \cdot 3K_2 SO_4 + 6NaCl + H_2 O$$

$$(3.3)$$

$$Na_2 SO_4 \cdot 3K_2 SO_4 + 2KCl + H_2 O = 4K_2 SO_4 + 2NaCl + H_2 O$$

$$(3.4)$$

Estudos sobre a conversão de cloreto de potássio com sulfato de sódio foram realizados usando cloreto de potássio de flotação da sociedade anónima "Dehkhanabad Potash Plant", a composição (wt.%): KCl - 95,3; NaCl - 2,97; But. - 1,1; $H_2 O$ - 0,43 e o conteúdo da mirabilita do depósito de Tumruksoy (wt.%): $Na_2 SO_4$ - 44,8; $MgSO_4$ - 0,72; $CaSO_4$ - 2,50; NaCl - 0,3; But. - 0,7 obtidos num dispositivo de laboratório constituído por um reator de vidro equipado com um agitador e colocado num termóstato.

A tecnologia de obtenção do sulfato de potássio consiste em duas fases. Na primeira fase, o cloreto de potássio foi obtido a partir da mirabilite da mina de Tumruksoi com sulfato de sódio para obter glaserite, e na segunda fase, o sulfato de potássio foi obtido a partir da solução de glaserite.

Se a mirabilite da mina de Tumruksoy for dissolvida em água a uma temperatura de 50°C e superior, após 5 minutos a concentração de sulfato de sódio atinge 30% ou mais. O cloreto de potássio cristalino foi misturado numa solução saturada de sulfato de sódio purificada de impurezas insolúveis numa relação molar de $KCl:Na_2 SO_4 = 1:(0,8 \div 1,5)$ a uma temperatura de 50°C, observando Q:S = 1:1. A duração do processo de transferência é de 60 minutos. A separação das fases sólida e líquida foi efectuada num aparelho de filtração sob um vácuo de 300 mm Hg. A sua superfície de filtragem é de 0,005 m2. Os dados obtidos são apresentados na Tabela 3.4.

Quadro 3.4

Efeito da relação molar KCl:Na$_2$ SO$_4$ na composição química das fases sólida e líquida.

Razão molar KCl:Na$_2$ SO$_4$	Composição química das fases sólidas, massa%						A composição química do líquido Fases , massa %			
	K O$_2$	Na O$_2$	SO$_4^{2-}$	Cl$^-$	2	2	Na O$_2$	SO$_4^{2-}$	Cl$^-$	2
1:0,8	41,61	8,52	50,10	4,13	4,90	10,50	12,46	2,96	16,81	62,82
1:0,9	40,86	9,04	50,36	3,97	5,07	8,68	12,07	3,21	16,56	64,54
1:1,0	40,10	9,56	50,61	3,80	5,23	6,86	11,67	3,46	16,30	66,26
1:1,1	39,21	10,07	50,86	3,68	5,53	6,40	1028	5,60	12,78	68,75
1:1,2	38,32	10,57	51,10	3,55	5,83	5,93	8,90	7,73	9,25	71,24
1:1,3	37,55	11,13	51,35	3,42	6,00	5,57	9,29	8,35	8,74	71,24
1:1,4	36,78	11,68	51,60	3,28	6,16	5,20	9,67	8,96	8,23	71,23

| 1:1,5 | 36,02 | 11,89 | 51,84 | 3,15 | 6,33 | 4,86 | 9,97 | 9,62 | 7,75 | 71,23 |

Como se pode ver na tabela, à medida que a razão molar de $KCl:Na_2SO_4$ aumenta de 1:0.8 para 1:1.5, a quantidade de Na_2O e H_2O na fase sólida aumenta, K_2O e iões cloreto diminuem, iões SO_4^{2-}. 50.10-51 permanece no nível de 84%. O Na_2O aumenta de 8,52% para 11,89%, o K_2O de 41,61% para 36,02%, o cloro diminui de 4,13% para 3,15%. O teor de humidade da fase sólida aumenta de 4,90% para 6,33%.

Na fase líquida, o K_2O diminui de 10,50% para 4,86%, o Na_2O de 12,46% para 9,97%, os iões cloreto de 16,81% para 7,75%, e apenas os iões SO_4^{2-} diminuem de 2,96% para 9,62%.

O efeito de Q:S na conversão de cloreto de potássio com sulfato de sódio foi efectuado a uma razão molar de $KCl:Na_2SO_4 = 1:1$, a uma temperatura de 50 °C e uma duração do processo de 60 minutos. Os resultados obtidos são apresentados na Tabela 3.5.

Quadro 3.5

Efeito de Q:S na composição química das fases líquida e sólida

Q:S	Composição química do sólido fases , massa%					A composição química das fases líquidas , massa%				
	$_2KO$	Na_2O	SO_4^{2-}	Cl^-	$_2HO$	$_2KO$	Na_2O	SO_4^{2-}	Cl^-	$_2HO$
1:08	38,08	10,31	49,10	4,24	7,40	7,87	13,20	3,27	18,67	61,73
1:0,9	39,09	9,94	49,86	4,02	6,82	7,37	12,44	3,37	17,35	63,99

1:1,0	40,10	9,56	50,61	3,80	6,23	6,86	11,67	3,46	16,02	66,26
1:1,3	41,13	9,06	51,38	3,59	5,69	6,39	10,95	3,56	14,79	68,40
1:1,4	41,52	8,24	51,11	3,11	5,92	5,83	10,54	3,50	14,02	69,70
1:1,5	41,90	7,41	50,84	2,64	6,14	5,26	10,13	3,44	13,24	71,00
1:1,75	42,15	7,21	50,87	2,62	6,14	4,81	9,32	3,00	12,14	73,75
1:2,0	42,40	7,00	50,90	2,60	6,14	4,36	8,50	2,56	11,03	76,50

À medida que a proporção da fase líquida (Q:S) na composição da fase sólida aumenta, a quantidade de K_2O aumenta, a quantidade de Na_2O, os iões cloreto e a humidade diminuem. Assim, a Q:S = 1:0,8, K_2O é 38,08%, a Q:S = 1:2,0 - 42,40%, Na_2O é de 10,31% para 7,00%, e os iões cloreto são 4, diminui para 24%. Até 2,60%, a humidade passa de 7,40% para 6,14%. A quantidade de iões SO_4^{2-} está na gama de 49,10-50,90%.

A fase líquida contém 7,87-4,36% de K_2O, 13,20-8,50% de Na_2O, 3,27-2,56% de iões SO_4^{2-} e 18,67-11,03% de iões de cloro, respetivamente. Os resultados obtidos mostram que a glaserite isolada contém cloretos de sódio e de potássio. No entanto, um aumento de Q:S resulta numa diminuição de Na_2O e de iões cloreto na fase sólida, indicando que o cloreto de sódio se move para a solução com um aumento da fase líquida. Por conseguinte, deve ser mantida uma relação Q:S mais elevada para obter glaserite mais pura.

A Tabela 3.6 mostra os resultados do efeito da temperatura do processo na composição química das fases líquida e sólida com uma razão molar de KC1:Na2SO4 = 1:1, Q:S = 1:1 e uma duração do processo de 60 minutos.

Quadro 3.6

O efeito da temperatura do processo na composição química da fase líquida e sólida.

T,$^{\circ}$ C	Composição química do sólido fases, massa%					Fases da composição química do líquido, massa%				
	$_2$ KO	Na$_2$ O	SO$_4^{2-}$	Cl$^-$	$_2$ HO	$_2$ KO	Na$_2$ O	SO$_4^{2-}$	Cl$^-$	$_2$ HO
20	43,18	7,59	49,60	4,49	4,59	16,07	13,30	2,53	17,34	59,56
30	42,40	8,05	49,85	4,31	4,75	13,29	12,88	2,75	17,08	61,19
40	41,61	8,52	50,10	4,13	4,90	10,50	12,46	2,96	16,81	62,82
50	40,85	9,04	50,35	3,96	5,06	8,4	12,06	3,21	16,56	64,13
60	40,10	9,56	50,61	3,80	5,23	6,86	11,67	3,46	16,30	66,26
70	39,13	10,07	50,91	3,67	5,48	6,28	8,53	6,73	10,79	70,93
80	38,32	10,57	51,10	3,55	5,83	5,93	8,90	7,73	9,25	71,24

Como se pode ver na tabela, com o aumento da temperatura na conversão de KC1 com sulfato de sódio, o teor de K$_2$ O na fase líquida diminui de 16,07% a 20 °C para 5,93% a 80 °C, a quantidade de Na$_2$ O diminui. De 13,30% a 20°C para 8,90% a 80°C, o cloro diminui de 17,34% para 9,25%.

O teor de K_2O na fase sólida é menos importante. Assim, o teor de K_2O a 20°C é de 43,18%, e a 80°C é de apenas 38,32%. A quantidade de Na_2O aumenta de 7,59% para 10,57% e de $-SO_4$ de 49,60% para 51,10% a 20 e 80°C, respetivamente. O teor de cloro é ligeiramente reduzido e é de 4,49-3,55%.

A Tabela 3.7 mostra a composição química das fases líquida e sólida numa relação $KC1:Na_2SO_4$ de 1:1 a uma temperatura de 50°C e uma duração de conversão de 10 a 90 minutos.

À medida que a duração do processo de conversão aumenta de 10 minutos para 90 minutos, a quantidade de K_2O na fase líquida diminui de 8,4% para 4,80%, Na_2O de 12,06% para 9,84%, e cloro de 16,56 para 7,38%. O teor de SO_4 aumenta de 3,21% para 9,60%.

Quadro 3.7

A influência da duração do processo na composição química das fases sólida e líquida.

t, min	Etapas da composição química de um sólido , massa%					Fases da composição química do líquido, massa%				
	$_2KO$	Na_2O	SO_4^{2-}	Cl^-	$_2HO$	$_2KO$	Na_2	SO_4^{2-}	Cl^-	HO_2
10	40,85	9,04	50,35	3,96	5,06	8,4	12,06	3,21	16,56	64,13
15	40,10	9,56	50,61	3,80	5,23	6,86	11,67	3,46	16,30	66,26
20	39,13	10,07	50,91	3,67	5,48	6,28	8,53	6,73	10,79	70,93
25	38,32	10,57	51,10	3,55	5,83	5,93	8,90	7,73	9,25	71,24
30	37,69	11,06	51,32	3,42	6,10	5,57	9,40	8,40	8,19	71,10
60	36,78	11,68	51,60	3,28	6,16	5,20	9,67	8,96	8,23	71,23
90	36,14	12,25	50,91	3,13	6,20	4,80	9,84	9,60	7,38	71,30

Com estes indicadores, a quantidade de Na_2O na fase sólida é de 9,04% a 12,25%, e a quantidade de iões cloro e sulfato mantém-se ao mesmo nível e é de 3,96-3,13% e 50,35-50,91%, respetivamente.

Assim, foram estabelecidos os parâmetros tecnológicos óptimos do processo de conversão, ou seja, o efeito da razão molar $KCl:Na_2 SO_4$ de 1:1.0-1.05, razão Q:S, temperatura e duração do processo; 1:1.0-1.1; 40-50°C e 60 minutos. Desta forma, obtém-se a taxa de conversão máxima.

§ 3.3. Estudo do processo de separação das fases líquida e sólida na produção de glaserite

A produção e a eficiência das etapas individuais do processo de obtenção de sulfato de potássio são determinadas principalmente pela velocidade de separação da glaserite do licor-mãe. Neste sentido, foram efectuados estudos para determinar a velocidade de sedimentação e filtração da glaserite.

Para obter glaserite, a transferência de cloreto de potássio com solução de sulfato de sódio foi realizada nos parâmetros tecnológicos óptimos do processo: $KCl: Na_2 SO_4 = 1: 1$, $Q: S = 1: 1$, na faixa de temperatura. 40-50°C. Os estudos de precisão das suspensões foram efectuados à temperatura ambiente (25°C) numa proveta de 100 ml com divisões a toda a altura. A figura 3.3 mostra os dados obtidos sobre o nível de deteção da suspensão de glazerite ao longo do tempo.

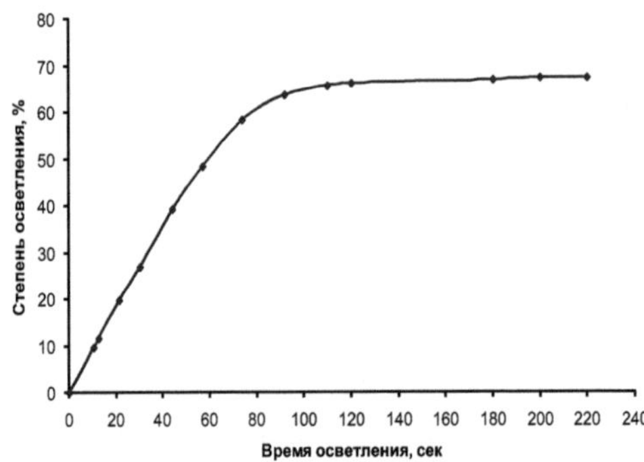

Figura 3.3. Grau de determinação da suspensão em função do tempo de toma de Glaserit

Como se pode ver na figura, é bom separar as suspensões formadas durante a conversão de cloreto de potássio com sulfato de sódio. Assim, após 95 segundos, o nível de exatidão da suspensão atinge 65,8% e o nível de exatidão máximo atinge 67,3%.

Em seguida, em função da proporção inicial de cloreto de potássio e de sulfato de sódio, foram estudadas as propriedades de filtração da parte condensada da suspensão de glaserite num funil de Buchner sob vácuo de 400 mm Hg. A área da superfície de filtração é de 0,002 m^2. Foi utilizada fita azul com papel de filtro sem cinzas.

Os principais parâmetros que determinam o processo de filtração são a resistência do sedimento e a resistência da parede do filtro (tecido ou papel de filtro). A taxa de filtração foi calculada de acordo com a seguinte fórmula:

$$W = \left(\frac{m}{S \cdot t} \right) \cdot 3600 \qquad (5)$$

A Tabela 3.8 mostra a taxa de filtração da pasta de glaserite espessada em função da razão molar inicial de $KCl:Na_2\,SO_4$ e da temperatura do processo de conversão.

Quadro 3.8

Efeito do rácio KCl: $Na_2\,SO_4$ e da temperatura na taxa de filtração da suspensão de glaserite a Q:S = 1:1.

№	Rácio $KCl:Na_2\,SO_4$	Temperatura, °C	Velocidade de filtragem, kg/m^2 ·s		
			botânica	na fase sólida	filtrado
h = 0 mm					

51

1	1:0,8	20	7372,69	3782,18	3590,51
		40	7504,22	3849,66	3654,55
		60	7633,23	3915,84	3717,38
2	1: 1,0	20	7571,95	3849,66	3722,29
		40	7707,04	3953,71	3753,33
		60	7839,52	4021,67	3817,85
3	1: 1,5	20	8169,74	4191,07	3978,67
		40	8315,49	4265,84	4049,65
		60	8458,45	4339,18	4119,27
4	1:2,0	20	8767,52	4497,73	4269,79
		40	8923,94	4577,98	4345,96
		60	9077,36	4656,68	4420,68
h = 6 mm					
5	1:0,8	20	3715,48	1906,04	1809,44
		40	3748,59	1923,02	1825,57
		60	3780,51	1939,40	1841,11
6	1: 1,0	20	3815,89	1957,55	1858,34
		40	3849,90	1974,99	1874,91
		60	3882,68	1991,81	1890,87
7	1: 1,5	20	4117,15	2112,09	2005,06
		40	4153,84	2130,91	2022,93
		60	4189,21	2149,06	2040,15
8	1: 2,0	20	4418,41	2266,64	2151,77
		40	4457,78	2286,84	2170,94
		60	4495,74	2306,31	2189,43

À medida que a razão molar aumenta de 1:0,8 para 1:2,0 e a temperatura aumenta de 20 para 60°C, a taxa de filtração aumenta ligeiramente tanto na polpa, no filtrado e na fase sólida. Assim, se a razão molar de KCl: $Na_2 SO_4$ = l: l, a taxa de filtração da polpa aumenta de 7571,95 kg / m^2 ·h para 7839,52 kg / m^2 ·h à medida que a temperatura aumenta de 20 ° C para 60 ° C, então a proporção inicial de componentes 1: 1,5, esses indicadores variam de 8169,74 a 8458,45 kg / m^2 ·s.

Quando a altura do sedimento no filtro é h= 6mm, a velocidade de filtração do sedimento espessado é significativamente reduzida, e na gama de temperaturas de 20

KCl: $Na_2 SO_4$ =l:0,8 razão molar é 3715,48-3780,51 kg/m^2 ·h. até 60°C, e a uma razão molar de 1:2 componentes, é 4418,41-4495,74 kg/m^2 ·s, ou seja, não há melhora significativa na taxa de filtração da suspensão com o aumento da razão molar e da temperatura.

Assim, a suspensão de glaserite atinge o nível máximo de clarificação e espessamento em 1,5 minutos, bem como em condições óptimas de conversão (KCl: $Na_2 SO_4$ = 1:1; Q:S = 1:1; t-60 min) e temperaturas. A 40 e 60^0 C, a taxa de filtração da fase sólida é de 3953,71 e 4021,67 kg/m^2 ·h, respetivamente, valores elevados.

§ 3.4. Propriedades reológicas das soluções, processo de produção da glaserite

A eficiência da produção e implementação de etapas individuais do processo de obtenção de sulfato de potássio é determinada principalmente pelas propriedades reológicas das soluções iniciais, intermédias e finais, suspensões e polpas. A densidade e a viscosidade são os factores mais importantes na análise da capacidade de transporte das soluções saturadas.

A Tabela 3.9 fornece informações sobre a densidade e a viscosidade das suspensões obtidas como resultado da conversão de cloreto de potássio com sulfato de sódio, dependendo da temperatura e da duração do processo de conversão.

Como se pode ver na tabela, a densidade e a viscosidade das suspensões aumentam com o aumento da duração da conversão do cloreto de potássio de flotação em sulfato de sódio.

Quadro 3.9

Efeito da duração do processo de conversão nas propriedades reológicas da suspensão de KCl: Na$_2$ SO$_4$ e Q:S = 1:1 de suspensão de razão molar.

№	tempo	Densidade, g/sm^3				Aderência, sPz			
		20°	40°	60°	80°	20°	40°	60°	80°
1	0	1,38	1,34	1,31	1,28	2,79	2,27	1,86	0,60
2	10	1,38	1,35	1,31	1,28	2,90	2,31	1,94	0,95
3	20	1,39	1,35	1,31	1,28	3,00	2,39	2,00	1,00
4	30	1,40	1,36	1,32	1,28	3,70	2,74	2,19	1,35
5	40	1,41	1,36	1,32	1,28	4,00	2,99	2,36	1,98
6	50	1,42	1,37	1,33	1,29	5,00	3,19	2,63	2,26
7	60	1,42	1,38	1,33	1,29	5,32	3,41	2,91	2,61
8	90	1,42	1,38	1,33	1,29	5,33	3,42	2,92	2,62

Assim, a densidade de 1,385 g/cm^3 para o cloreto de potássio a 20°C aumenta para 1,428 g/cm^3 após 60 minutos, e a viscosidade da solução aumenta de 2,799 cps para 5,325 cps. Um novo aumento no tempo de conversão tem um ligeiro efeito no aumento da densidade e viscosidade da suspensão. À medida que a temperatura aumenta de 20 para 80°C, tanto a densidade como a viscosidade das soluções diminuem. Assim, a densidade da solução inicial diminui de 1,385g/cm^3 para 1,280g/cm^3 , e a viscosidade diminui de 2,799 cps para 0,606 cps.

As propriedades reológicas dos precipitados espessados obtidos a partir de cloreto de potássio com solução de sulfato de sódio KCl: Na$_2$ SO$_4$ =1:1 e razão molar Q:S de 1:0,6 a 1:2,0 foram estudadas em função da variação de temperatura. Os dados obtidos são apresentados na Tabela 3.10.

Com um aumento da proporção da fase líquida de 1: 0,6 para 1: 2,0, a densidade da pasta diminui de 1,582 g/cm^3 a 80°C para 1,287 g/cm^3 a 20°C, respetivamente. e 1,444 g/cm^3 para 1,156 g/cm^3 .

Um aumento da temperatura tem menos efeito na diminuição da densidade do que um aumento de Q:S. Quando os mesmos parâmetros são alterados nestes intervalos, a viscosidade da pasta diminui de 6,149 cP para 4,505 cP a 20°C e de 3,304 para 2,006 a 80°C.

Quadro 3.10

Efeito da L:S e da temperatura nas propriedades reológicas de precipitados provenientes da conversão de cloreto de potássio em sulfato de sódio.

L:S	Densidade, g/sm^3				Aderência, sPz			
	20°C	40°C	60°C	80°C	20°C	40°C	60°C	80°C
1:0,6	1,582	1,548	1,496	1,444	6,149	4,207	3,651	3,304
1:0,7	1,526	1,495	1,448	1,391	5,97	3,999	3,458	3,103

1:0,8	1,495	1,461	1,414	1,364	5,735	3,811	3,285	2,965
1:0,9	1,46	1,422	1,376	1,329	5,53	3,613	3,112	2,791
1:1,0	1,426	1,383	1,338	1,294	5,325	3,415	2,915	2,618
1:1,1	1,407	1,36	1,321	1,277	5,203	3,31	2,821	2,53
1:1,2	1,388	1,346	1,304	1,26	5,081	3,205	2,726	2,42
1:1,3	1,37	1,328	1,28	1,242	4,996	3,116	2,635	2,30
1:1,4	1,353	1,31	1,267	1,223	4,80	3,028	2,544	2,22
1:1,5	1,324	1,283	1,246	1,202	4,681	2,92	2,376	2,137
1:1,6	1,31	1,271	1,231	1,187	4,633	2,86	2,335	2,091
1:1,7	1,304	1,26	1,216	1,172	4,585	2,748	2,295	2,046
1:2,0	1,287	1,24	1,2	1,156	4,505	2,663	2,222	2,006

As pastas têm propriedades reológicas aceitáveis e são bem transportadas.

§ 3.5. Estudo da transformação da glaserite em sulfato de potássio.

A glaserite resultante foi dissolvida em água com a adição de cloreto de potássio, obtendo-se o sulfato de potássio. O nível de cloreto de potássio foi mantido com base na relação molar entre o sulfato de sódio e a glaserite. O L:S foi mantido a uma temperatura de 30°C e uma duração de processo de 40 minutos a uma razão de 1:1 baseada na taxa total de glaserite e cloreto de potássio. Portanto, no futuro, para obter sulfato de potássio, usamos a razão molar de Na_2SO_4 : KCl. A Tabela 3.11 apresenta informações sobre a composição do sulfato de potássio da glaserita e do licor-mãe.

Quando a razão molar de Na_2SO_4 : KCl aumenta de 1:0,8 para 1:2 na preparação de sulfato de potássio, quando KCl é adicionado à solução de glaserite, a quantidade de K_2O na fase sólida aumenta de 45,43% para 47,10%, e a quantidade de iões de sulfato aumenta de 51,31% para 48,14%, e Na_2O diminui de 4,13 para 2,01%. Com um aumento da razão molar inicial, o conteúdo de iões de cloro aumenta de 1,10 para 2,31%, e o teor de humidade aumenta de 6,84% para 9,00%. A composição da fase líquida é enriquecida com K_2O, Na_2O, iões cloreto e diminui com iões sulfato.

O sulfato de potássio foi lavado no filtro com água fria a Q:S = 1:1. A composição química do sulfato de potássio após a lavagem e a composição da água de lavagem são indicadas no quadro 3.12.

Quadro 3.11

O efeito da proporção inicial de KCl e Na_2SO_4 na composição química do sulfato de potássio e da fase líquida na produção de glaserite.

Na_2SO_4 :KCl	A composição química do sólido antes das etapas de lavagem, em massa%					Composição química da fase líquida, massa%			
	$_2KO$	Na_2O	SO_4^{2-}	Cl^-	$_2HO$	$_2KO$	Na_2O	SO_4^{2-}	Cl^-
1:0,8	45,43	4,13	51,31	1,10	6,84	3,19	7,80	7,61	5,72
1:0,9	45,74	3,73	51,16	1,15	7,29	3,26	8,35	7,39	6,45
1:1,0	46,05	3,22	50,94	1,27	7,73	3,33	8,91	7,18	7,42
1:1,25	46,52	2,64	49,93	1,46	8,30	3,51	9,575	6,6	8,52
1:1,5	47,01	2,15	48,92	1,70	8,87	3,70	10,24	5,90	10,13
1:1,75	47,05	2,03	48,46	2,01	8,93	3,895	10,29	5,12	10,97
1:2,0	47,10	2,01	48,14	2,31	9,01	4,09	10,31	4,35	11,70

A quantidade de K_2O permanece ao nível de 53,05-53,47%, iões de sulfato - 54,62-54,24%, a quantidade de Na_2O diminui de 0,46% para

0,15% na proporção de 1:0,8 para 0,15% na proporção de 1:2 0 teor de cloro aumenta de 0,20% para 0,50% e o teor de humidade varia entre 0,78-0,82%. Tudo isto indica que a pureza do sulfato de potássio aumenta com o aumento da razão molar inicial de $Na_2 SO_4$: KCl. Os melhores resultados foram obtidos com a razão molar de $Na_2 SO_4$: KCl=1: 1. O produto resultante (% em massa) contém: $K_2 SO_4$ - 98,44, $Na_2 SO_4$ - 0,22, NaCl - 0,45, $H_2 O$ - 0,89. Neste caso, a taxa de conversão do potássio é de 86,65%.

Quadro 3.12

O efeito do rácio inicial de $Na_2 SO_4$: KCl e uma única lavagem com água na composição química do sulfato de potássio e da solução de lavagem.

Razão molar Na SO_{24} :KCl	Composição química da fase sólida após a lavagem, massa%					Composição química da solução de lavagem, massa%			
	$_2$KO	Na_2O	SO_4^{2-}	Cl$^-$	$_2$HO	$_2$KO	Na_2O	SO_4^{2-}	Cl$^-$
1:0,80	53,05	0,46	54,62	0,2	0,82	3,72	3,71	8,46	0,8
1:0,90	53,11	0,39	54,54	0,23	0,85	4,195	3,3	8,24	0,85
1:1,00	53,18	0,33	54,46	0,27	0,89	4,67	2,89	8,03	0,9
1:1,25	53,26	0,28	54,38	0,34	0,8635	5,45	2,35	7,74	1,08
1:1,50	53,35	0,24	54,3	0,41	0,84	6,24	1,82	7,46	1,29
1:1,75	53,41	0,187	54,27	0,455	0,81	6,54	1,83	7,305	1,54
1:2,00	53,47	0,15	54,24	0,5	0,78	6,63	1,85	7,21	1,8

A Tabela 3.13 apresenta as propriedades reológicas das polpas na produção de sulfato de potássio em função de Q:S e da temperatura. A densidade diminui de 1,570g/cm³ para 1,399g/cm³ a 20°C com o aumento da razão de fase líquida e Q:S muda de 0,6:1 para 2:1.

Quadro 3.13

Efeitos do Q:S e da temperatura nas propriedades reológicas das polpas na produção de sulfato de potássio.

Q:S	densidade, g/sm³				Aderência, sPz			
	20°C	40°C	60°C	80°C	20°C	40°C	60°C	80°C
1:0,6	1,570	1,535	1,506	1,471	6,205	5,096	4,115	3,152
1:0,7	1,553	1,519	1,491	1,453	6,167	5,047	4,061	3,096
1:0,8	1,534	1,502	1,475	1,439	6,090	4,981	3,993	3,030
1:0,9	1,515	1,484	1,458	1,425	6,045	4,933	3,942	3,000
1:1,0	1,500	1,470	1,441	1,408	5,987	4,869	3,882	2,912
1:1,0	1,500	1,470	1,441	1,408	5,987	4,869	3,882	2,912
1:1,2	1,482	1,454	1,427	1,392	5,933	4,815	3,816	2,836
1:1,4	1,466	1,437	1,411	1,377	5,884	4,762	3,767	2,793
1:1,5	1,447	1,420	1,395	1,362	5,842	4,708	3,715	2,743
1:1,7	1,433	1,404	1,377	1,343	5,788	4,659	3,651	2,670
1:2,0	1,399	1,369	1,341	1,305	5,691	4,572	3,564	2,554

Com estes parâmetros, a viscosidade diminui de 6,205 cP para 5,691 cP. À medida que a temperatura aumenta de 20 para 80°C, a densidade muda de 1.500g/cm³ para 1.408g/cm³ e a viscosidade de 5.987 para 2.912 cps a Q:S = 1:1. As polpas de sulfato de potássio têm propriedades reológicas aceitáveis e são amplamente transportadas.

A Tabela 3.14 apresenta os resultados da determinação da densidade e da viscosidade das suspensões na segunda etapa da extração de sulfato de potássio após dissolução da glaserite em água com adição de cloreto de potássio, em função da temperatura e da duração do processo. À medida que aumenta o tempo do processo de isolamento do sulfato de potássio, a densidade a 20°C aumenta de 1,462g/cm^3 para 1,504g/cm^3 , e a viscosidade aumenta de 4,788 cps para 6,265 cps.

Quadro 3.14

Efeito da temperatura e da duração do processo nas propriedades reológicas das soluções na fase de obtenção do sulfato de potássio a Q:S = 1:1.

Tempo de conversão	densidade, g/sm^3				Aderência, sPz			
	20°C	40°C	60°C	80°C	20°C	40°C	60°C	80°C
0	1,462	1,430	1,400	1,378	4,788	3,880	3,118	2,361
10	1,480	1,451	1,423	1,395	4,965	4,080	3,265	2,451
20	1,491	1,460	1,430	1,399	5,362	4,335	3,463	2,583
30	1,497	1,467	1,436	1,406	5,769	4,615	3,669	2,747
40	1,500	1,470	1,441	1,408	5,987	4,869	3,882	2,912
50	1,502	1,472	1,444	1,409	6,126	4,966	3,952	2,991
60	1,503	1,473	1,446	1,410	6,254	5,050	4,020	3,080
90	1,504	1,474	1,448	1,411	6,265	5,091	1,029	3,088

Com o aumento da temperatura, a densidade diminui de 1,462g/cm^3 para 1,378g/cm^3 a 20°C, e a viscosidade diminui de 4,788 cps para 2,361 cps, respetivamente.

A Tabela 3.15 mostra a taxa de filtração da lama de sulfato de potássio espessada em função da altura do sedimento e da temperatura do processo de conversão.

Tabela 3.15.

Efeito da temperatura na taxa de filtração do sulfato de potássio a Q:S = 1:1.

№	Temperatura, °C	Tempo de filtragem, kg/m² ·soat		
		bo'tana	por fase sólida	filtrado
		h = 0 mm		
1	20	8177,71	2943,98	5233,73
	30	8323,60	2996,51	5327,09
	40	8467,68	3048,36	5419,32
		h = 6 mm		
2	20	4216,46	1517,93	2698,53
	30	4254,14	1531,49	2722,65
	40	4290,36	1544,52	2745,84

À medida que a temperatura aumenta de 20 para 40 ° C, a taxa de filtração aumenta ligeiramente na polpa, no filtrado e na fase sólida. Quando a altura do sedimento no filtro é de 0 mm, a taxa de filtração do sedimento espessado é significativamente reduzida e é de 8177,71-8467,68 kg / m2·h na polpa e na fase sólida na faixa de temperatura de 20 a 40 ° C. 2943,98-3048,36 kg/m² ·h, através do filtrado 5233,73-5419,32 kg/m² ·h.

Quando a altura do sedimento no filtro é de 6 mm, a taxa de filtração do sedimento espessado diminui significativamente e é de 4216,46-4290,36 kg/m² ·h na polpa e na fase sólida na faixa de temperatura de 20 a 40°C. 1517.93-1544.52 kg/m² ·h, através do filtrado 2698.53-2745.84 kg/m² ·h.

A Figura 3.4 mostra dados sobre o nível de refinamento por duração do processo. Assim, na segunda fase, após 95 segundos, o nível de precisão atingiu o valor máximo - 66,25%.

O grau de purificação da suspensão na fase de isolamento do sulfato de potássio é aproximadamente o mesmo que o do isolamento da glaserite. Isto indica que os produtos resultantes da glaserite e do sulfato de potássio são homogéneos, isentos de impurezas estranhas e muito bem espessados.

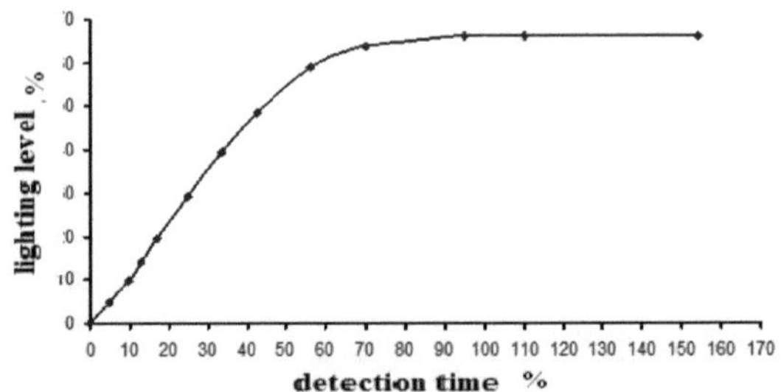

Figura 3.4. Variação da determinação da suspensão em função do tempo de extração do sulfato de potássio da glaserite

Posteriormente, a filtrabilidade da parte espessada das suspensões da fase II foi estudada num funil de Buchner sob vácuo de 400 mm Hg. Art., determinando o tempo de filtração. A área da superfície filtrante é de 0,005 m^2 .

Os resultados obtidos por filtração são iguais ao nível de deteção das suspensões. Na segunda fase, a taxa de filtração é cerca de duas vezes superior à da primeira fase e é em média de 1000-1200 e 2100-2300 para a fase de conversão do cloreto de potássio em sulfato de sódio e para a fase de isolamento do sulfato de potássio.

Assim, os estudos realizados mostraram que as suspensões têm propriedades reológicas aceitáveis, são bem filtradas e não afectam significativamente os parâmetros tecnológicos do processo de obtenção de sulfato de potássio a partir de cloreto de potássio de flotação da mina Tubegatan e sulfato de sódio da mina Tumruksoy. O processo é isento de resíduos, não requer equipamento especial e especial e é tecnologicamente fácil de implementar.

§ 3.6. Estudar o processo de separação das fases líquida e sólida no processo de obtenção do sulfato de potássio.

No processo de conversão de cloreto de potássio com sulfato de sódio, após a separação da glaserite, formam-se líquidos circulantes enriquecidos com cloreto de sódio. Mais tarde, para reutilizar os líquidos circulantes, foi efectuado um estudo sobre a vaporização dos mesmos a 60, 80 e 100°C, dependendo da duração do processo.

Após a separação da glaserite, o processo mais intenso de evaporação do fluido circulante continua a uma temperatura de 100°C. Neste caso, após 60 minutos, o volume da solução diminui em mais de 50%, a 80 e 60°C, estes indicadores são 20 e 5%, respetivamente.

A Tabela 3.16 mostra dados sobre a quantidade de cloreto de sódio precipitado como resultado de mudanças na composição do líquido circulante e mudanças no volume do líquido circulante durante o processo de evaporação.

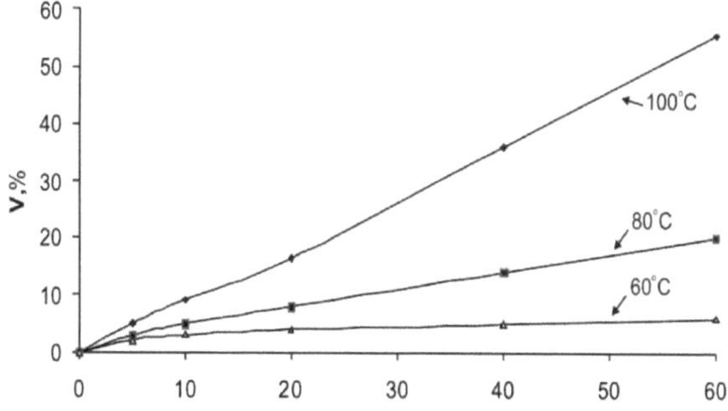

Figura 3.6. Efeitos da duração do processo e da temperatura de evaporação no volume de humidade evaporada

Com um aumento do volume de líquido evaporado de 5% para 40%, a quantidade de cloreto de sódio precipitado aumenta de 3,1 para 22,9% em peso do licor-mãe original (% em peso): K_2O - 6,86; Na_2O - 11,67, $-SO_4^{-2}$ - 3,46, Cl^- - 16,02, H_2O - 66,26.

Tabela 3.16.

Alterações na composição química do líquido circulante durante a evaporação.

№	Volume do líquido evaporado, %	Composição do fluido de circulação evaporado, massa%				Massa de sedimentos, %
		KO_2	NaO_2	SO_4^{-2}	Cl^-	
1	5	6,50	11,83	3,17	16,11	3,1
2	10	6,17	11,94	2,88	16,20	6,2
3	20	5,83	12,05	2,59	16,29	11,8
4	30	5,49	12,17	2,30	16,38	17,4
5	40	5,20	12,25	2,00	16,48	22,9

A partir dos dados fornecidos, é evidente que a solução purificada é ligeiramente enriquecida com iões sódio e cloro, e os iões potássio e -SO_4^{-2} são ligeiramente reduzidos no líquido circulante. O precipitado resultante contém principalmente cloreto de sódio com misturas de iões potássio e sulfato.

Quando 40% do volume inicial do líquido circulante é evaporado, o teor de K_2O diminui de 6,86% para 5,20%, e os iões sulfato diminuem de 3,46% para 2,00%. A quantidade de Na_2O aumenta de 11,67 para 12,25, e a de cloro de 16,02% para 16,48%.

A Tabela 3.17 apresenta os resultados das alterações das propriedades reológicas dos fluidos em circulação em função do volume de solução evaporada e da diminuição da temperatura.

Tabela 3.17.

Propriedades reológicas dos fluidos circulantes evaporados após o isolamento da glaserite.

№	Volume do evaporado, %	densidade, g/sm³				Aderência sPz			
		20°C	40°	60°	80°	20°	40°	60°	80°
1	0	1,250	1,23	1,22	1,21	2,12	1,71	1,31	0,91
2	5	1,262	1,25	1,24	1,22	2,11	1,69	1,30	0,89
3	10	1,274	1,26	1,25	1,24	2,10	1,68	1,28	0,87
4	15	1,286	1,27	1,26	1,25	2,08	1,67	1,26	0,86
5	20	1,298	1,29	1,27	1,26	2,07	1,65	1,25	0,84
6	25	11,31	1,30	1,29	1,28	2,05	1,64	1,23	0,83
7	30	1,325	1,31	1,30	1,29	2,04	1,62	1,22	0,81
8	35	1,341	1,33	1,32	1,31	2,02	1,61	1,20	0,79
9	40	1,358	1,35	1,34	1,33	2,00	1,59	1,18	0,78

Com o aumento do volume da solução resultante, a densidade dos fluidos em circulação aumenta de 1,250g/cm^3 para 1,358g/cm^3 a 20°C e de 1,210g/cm^3 para 1,330g/cm^3 a 80°C. À medida que a temperatura aumenta, a densidade dos fluidos em circulação diminui, independentemente da quantidade de fluido vaporizado. Após a separação do precipitado de cloreto de sódio, a viscosidade das soluções diminui com o aumento do volume de líquido evaporado e com o aumento da temperatura. Assim, a viscosidade diminui de 2,126 cPs para 2,007 cPs a 20^0 C, 40% de evaporação da humidade, e de 0,914 cPs para 0,785 cPs a 80°C.

Assim, os resultados obtidos mostram as propriedades reológicas óptimas dos fluidos circulantes após a separação e evaporação da glaserite, o que permite a sua transferência para as fases seguintes do processo tecnológico através de dispositivos de bombagem.

§ 3.7. Esquema tecnológico e balanço material da produção de sulfato de potássio

Com base na pesquisa, foi desenvolvido um esquema tecnológico para a produção de sulfato de potássio, que é mostrado na Figura 3.14.

A essência do processo tecnológico é a seguinte: a mirabilite natural é fornecida à tremonha de receção através de um transportador e doseada para o reator através de um alimentador de correia, onde a água é fornecida para dissolução. fornecida ao mesmo tempo. A solução de sulfato de sódio resultante é filtrada de impurezas mecânicas e insolúveis. A solução filtrada de sulfato de sódio é recolhida num tanque de recolha e depois enviada para obter a primeira conversão para obter glaserite. A partir do tanque, o cloreto de potássio de flotação é alimentado ao reator de lavagem e a água é introduzida a partir do recipiente sob pressão para obter uma solução saturada de cloreto de potássio.

A solução resultante é alimentada a um filtro de correia para filtragem numa fase líquida - uma suspensão constituída por uma solução saturada de cloreto de potássio e uma parte húmida - num precipitado insolúvel.

Mirabalit
H₂O
KCl
H₂O
10% KCl
Glaserit
gas fuel
K₂SO₄
P-p. K₂SO₄
shlam
shlam
secondary steam
steam
condenser
qaz yoqilg'i
NaCl
capacity
capacity
capacity
capacity
1
2
3
4
5
6
7
8
9
10
11
12
13
14
15
16
17
18
19
20
21
22
A
Б
B

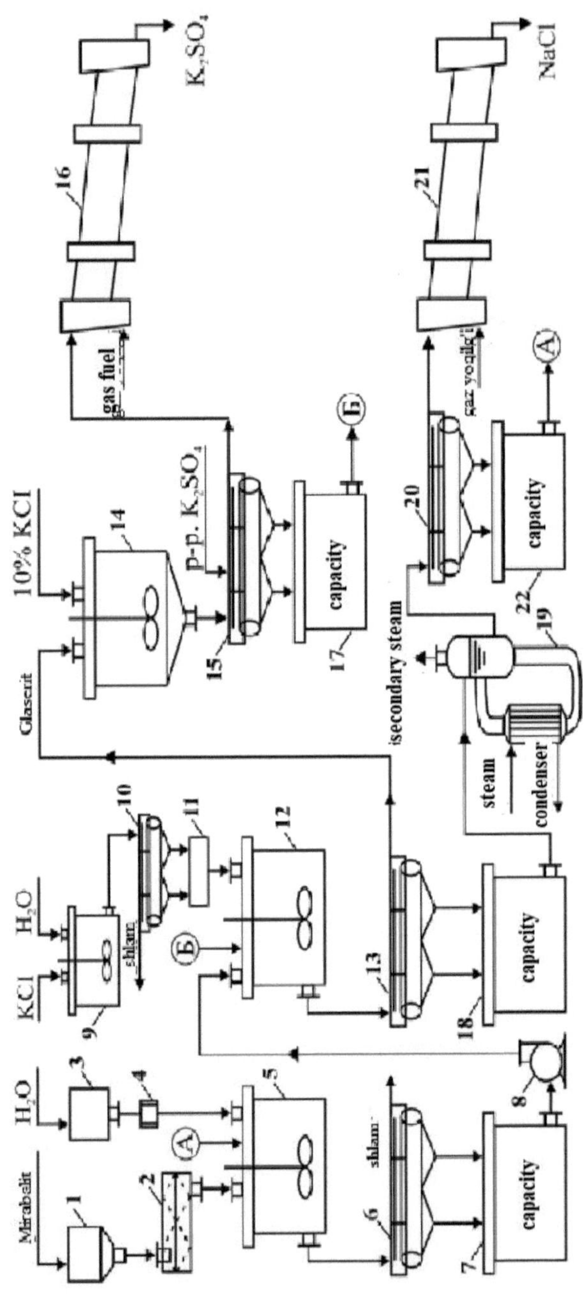

68

Figura-3.14 - Esquema tecnológico do processo de obtenção de sulfato de potássio a partir de cloreto de potássio e mirabilite da mina de Tyumruk: 1º bunker; 2º abastecedor; 3º tanque; 4º medidor de vazão; reatores 5, 9, 12, 14; 6, 10, 13, 15, 20 filtros; 7, 11, 17, 18, 22 recipientes; 8º bomba; 16, 21 secador de tambor (BS); 19 Evaporador a vácuo (VVA)

A solução resultante é alimentada a um filtro de correia (10) para filtragem numa fase líquida - uma suspensão constituída por uma solução saturada de cloreto de potássio e uma parte húmida - num precipitado insolúvel.

Além disso, como mencionado, uma solução saturada de cloreto de potássio e uma solução de mirabilite são introduzidas no reator (12). A reação de conversão demora cerca de 60 minutos a 40°C. A glaserite resultante é filtrada para um filtro de vácuo de correia (13) para separação numa fase sólida - a glaserite com um teor de humidade de 6-8% é alimentada para a segunda fase de transferência para o reator (14), onde são introduzidas quantidades calculadas de cloreto de potássio e água para uma relação de massa de L:S=1:1, a polpa é misturada e filtrada num filtro de vácuo de correia (15). Precipitação do sal - a fase sólida do sulfato de potássio é lavada com uma solução saturada de sulfato de potássio e/ou água e depois enviada para um secador de tambor (pos. 16) e obtém-se o sulfato de potássio cristalino e o líquido circulante é recolhido num recipiente coletor (17) e depois volta para a etapa de I - conversão (12). Após a separação da glaserite, o licor é evaporado num evaporador de vácuo (19), filtrado num filtro de vácuo de correia para separar o cloreto de sódio (20), e a fase líquida é também devolvida para dissolver a mirabilite (5). Além disso, a fase sólida - cloreto de sódio, depois de ser lavada com uma solução saturada de cloreto de sódio, é alimentada a um secador de tambor (DS) (item 21) para secagem, e a solução de lavagem é devolvida à fase de conversão ou saturada. solução de mirabilite. O cloreto de sódio técnico resultante pode ser recristalizado para aumentar a pureza dos alimentos.

Assim, a tecnologia cumpre os requisitos da norma GOST 4145-74 para o sulfato de potássio cristalino formado, contínuo, cíclico e sem resíduos, para o sulfato de potássio sem cloro.

A Figura 3.15 mostra o balanço material da obtenção de sulfato de potássio para 1000 kg de produto acabado a partir da flotação de cloreto de potássio da mina de Tubegatan e mirabilita da mina de Tumruksoy.

São apresentados os indicadores óptimos do regime regulamentar tecnológico para o balanço de materiais.

Assim, foi desenvolvido um fluxograma flexível e baseado em princípios de produção contínua de sulfato de potássio cristalino e cloreto de sódio através da conversão de mirabilite da mina de Tumruksoi e cloreto de potássio de flotação, foram obtidas as normas do balanço material e do modo tecnológico de produção e sulfato de potássio.

§ 3.8. Base técnica e económica da produção de sulfato de potássio e cloreto de sódio através da conversão de mirabilite da mina de Tumruksoy em cloreto de potássio de flotação.

A produção de sulfato de potássio cristalino obtido por conversão da mirabilite e do cloreto de potássio inclui as seguintes etapas: dissolução da mirabilite em água, filtração do precipitado não dissolvido, mistura da mirabilite e do cloreto de potássio de flotação, separação da glaserite, separação e conversão da glaserite. cristalização e separação do cloreto de potássio, cristais de sulfato de potássio, retorno dos líquidos circulantes à fase inicial do processo; lavagem e secagem do sulfato de potássio cristalino; evacuação do líquido circulante formado após a separação do sulfato de potássio e do cloreto de sódio, retorno do líquido circulante após a separação do cloreto de sódio e lavagem à fase inicial do processo; lavagem e secagem do cloreto de sódio cristalino.

O custo de obtenção do sulfato de potássio é constituído pelo custo da mirabilite e do cloreto de potássio de flotação da mina de Tumruksoy, bem como pelo custo da transformação, da energia, da comercialização, etc.

Preços aceites para 1 tonelada de matérias-primas e recursos energéticos: flotação de cloreto de potássio GOST 4568-95 ($K_2 O$ - 59-61%) - 1.920.000 soums (de acordo com https://old.uzex.uz/uz/trade/offerssum, 20.12.2022); A mirabilidade da mina de Tumruksoy ($Na_2 SO_4 * 10H_2 O$ - 93-95%) - 500.000 soums (de acordo com os dados da "Ustyurt sodium sulfate" LLC datada de 12.20.2022); 1 kW de eletricidade - 411 soums; 1 par Gcal - 269.320 soums; 1000 m^3 de água processada - 434477 soums; 1000 m3 de ar comprimido - 111.100 soums (de acordo com os dados da JSC "Ammofos-Maksam" em 07.12.2022).

Foram efectuados cálculos de viabilidade para a produção de sulfato de potássio e cloreto de sódio. De acordo com o cálculo, o custo de 1 tonelada de sulfato de potássio cristalino é de 7.469.688 mil soums.

O preço do sulfato de potássio na bolsa de mercadorias é de 13 500 000 soums (https://old.uzex.uz/uz/trade/offerssum, Uzb., 20.12.2022). As economias por tonelada de sulfato de potássio em comparação com as importações são:

13.500,0 - 7.469.688 = 6.030.312 milhares de soums

60.303.120 milhões de soums serão poupados com a libertação de 10.000 toneladas de $K_2 SO_4$.

Assim, os cálculos técnicos e económicos efectuados revelam uma boa rentabilidade da produção de sulfato de potássio e cloreto de sódio com base na conversão da mirabilite da mina de Tumruksoy em cloreto de potássio de flotação obtido a partir da silvinite da mina de Tyubegatan.

Resumo do capítulo 3

Como resultado do estudo da interação nos sistemas $Na_2 SO_4$ - KCl - $H_2 O$ e $K_2 SO_4$ - KCl - $H_2 O$ pelo método visual-politérmico desde a temperatura de congelação total até 70ºC, verificou-se que os sistemas podem ser reduzidos a componentes simples do tipo eutónico. mantêm o seu perfil baixo e têm um efeito corretivo entre si. Um novo composto $NaK_3 (SO)_{42}$ e $Na_2 SO_4$ -$H_2 O$ é formado como uma nova fase. A área de cristalização do novo composto ocupa a parte principal do diagrama.

Na conversão de cloreto de potássio com sulfato de sódio, forma-se o composto $Na_2 SO_4$ -$K_2 SO_4$. Parâmetros tecnológicos óptimos do processo

KCl: $Na_2 SO_4$ =1:1, rácio L:S = 1:1 e temperatura do processo 40-50ºC

Estudos sobre a separação das fases líquida e sólida da etapa de conversão de cloreto de potássio com sulfato de sódio mostraram que a melhor separação da suspensão de glazerite pelo método de precipitação é de 95 a 65,8%, com uma precisão máxima de 67,3%. A taxa de filtração da parte condensada da suspensão de glaserite é de 7571,95 kg/m2-h para 7839,52 kg/m^2 -h na razão molar inicial de KCl:$Na_2 SO_4$ =1:1 por pasta a 20ºC, 60ºC e Q:S = 1: 1,5 estes valores aumentam de 8169,74 kg/m^2 -h para 8458,45 kg/m^2 -h.

Foram estabelecidos parâmetros tecnológicos óptimos para a transformação da glaserite em sulfato de potássio - razão molar KCl: Na_2 SO_4 =1:1, em que a taxa de conversão do potássio é de 86,65%, a pureza do sulfato de potássio aumenta, a sua composição (peso): $K_2 SO_4$ - 98,44; $Na_2 SO_4$ - 0,22; $NaCl$ - 0,45; $H_2 O$ é 0,89.

Foram elaborados balanços materiais, desenvolvidos esquemas tecnológicos de base e normas do modo tecnológico de obtenção de sulfato de potássio por conversão de mirabilite em cloreto de potássio de flotação. É calculada a eficiência técnica e económica da sua produção.

A garantia de uma colheita abundante das culturas agrícolas é a sua nutrição completa e suficiente. A luz, o calor, a água e os nutrientes são muito necessários para a vida das plantas. Todas estas condições são igualmente valiosas e muito necessárias. A necessidade de nutrientes das plantas depende do tipo de planta e das formas destas substâncias.

A composição da planta inclui mais de 70 elementos, mas 16 deles são muito importantes para a vida. Por exemplo, esses elementos incluem os chamados organogénios: carbono, oxigénio, hidrogénio e azoto. Além disso, esta série inclui fósforo, potássio, cálcio, magnésio e enxofre - elementos cinzas e metalbdenum, cobre, boro, zinco, cobalto - oligoelementos, ferro e manganês. Cada elemento desempenha a sua função na planta, pelo que um elemento não pode ser substituído por outro. Os principais elementos que passam através da atmosfera para as plantas azuis-verdes (verdes) são o carbono. O oxigénio e o hidrogénio são considerados. Estes três elementos representam 93,5% do peso seco da planta: ou seja, o carbono - 45%, o oxigénio - 42% e o hidrogénio - 6,5%.

Potássio (K) - desempenha o papel fisiológico mais importante no metabolismo dos hidratos de carbono e das proteínas das plantas, melhorando as condições de absorção do azoto sob a forma de amoníaco. A alimentação das plantas com potássio é um fator poderoso para o desenvolvimento dos órgãos individuais das plantas. O potássio cria uma oportunidade para a planta agitadora no suco do hospedeiro, o que aumenta a resistência invernal da planta, permite o desenvolvimento de feixes vasculares e o desenvolvimento de hospedeiros. Além disso, aumenta a força dos caules e aumenta a sua resistência ao acamamento.

a) Pertinência do tema.

A partir de 26 de agosto de 2010, os fertilizantes de fósforo, azoto e potássio são produzidos a partir de microfertilizantes na República do Uzbequistão. Mas, de acordo com dados científicos, em 1 de maio de 2007, foi emitida a decisão do Presidente da República do Uzbequistão I.A. Karimov "Sobre a organização da construção da fábrica de fertilizantes de potássio em Dehkanabad na base da mina de sais de potássio Tubegatan". De acordo com esta decisão, a produção de fertilizantes à base de potássio está planeada para 2010. [2]

A produção de adubos azotados e fosfóricos foi iniciada na República do Usbequistão, mas apesar de existir uma base de matérias-primas, não estão a ser produzidos adubos à base de potássio.

Antes de 1965, foram abertos dois grupos de minas de sal na República do Usbequistão:

Gaurdak - Tyubegatan, Aqbosh, Cheurkalgen, Chekar, Kaypantu - Baysurkhan, Kantiu, Gulgan, Kyzilmazar, Baybi - icon, Surakhan.

N.P. Segundo Petrov, a farmácia de halogéneos de Gaurdak divide-se em três horizontes principais: anidrite inferior, sal médio, anidrite com alto teor de gesso [3]

O horizonte inferior é constituído por camadas alternadas de calcário e gesso, contendo enxofre sob a forma de ninhos. As camadas de calcário sulfuroso passam a anidrite de mármore. Na parte superior do horizonte de anidrite, com uma espessura de 30-35 m, aparece uma lente de sal-gema sulfuroso com uma espessura de 3-5 m.

O segundo horizonte é composto por sal, dividido em várias camadas de 300-350 m. Juntamente com sais de potássio, está localizado na camada de sal vermelho na camada inferior de sal-gema. A quantidade de KCl na silvinite pode ser de 2-4 a 8% [4]

A camada principal de sal-gema, com uma espessura de cerca de 24 m, é constituída por camadas de silvinite e carnalite - silvinite. Acima da camada de sal-gema existem 3 classes de sais de potássio, cuja espessura é de 1,5 - 4 m, silvinite de alto e baixo grau e camadas de sais-gema, cuja espessura é de 30 m a 100 m, a carnalite aparece em alguns locais. A quantidade de KCl é de 14 - é de 34% [3]

Assim, no distrito de Gaurdak, o poder da farmácia de alto halogéneo pode ir até 700-800 m, o poder do garizant de sal é de 300-350 m.

A mina de Tubegatan está localizada a 35-40 km desta tectónica [5].

A estrutura do tubegatan é constituída por três camadas:

Kursantam, Koragagat e o próprio tubegatan, de estrutura assimétrica. Na parte nordeste da mina, estão expostos calcários, sobre os quais se encontram camadas de gesso e anidrite. Acima existe uma camada de halogéneo (300-350m), onde se encontram três horizontes de sais de potássio [3].

A força da camada de sal aumenta na direção sudoeste.

Pode concluir-se que existe uma quantidade suficiente de depósitos de silvinite no Uzbequistão e que é possível organizar a nossa própria produção de fertilizantes à base de potássio. Atualmente, os fertilizantes à base de potássio são comprados em moeda estrangeira na nossa República. Por conseguinte, a produção de fertilizantes à base de potássio a partir de matérias-primas locais é uma questão urgente.

b) Objectivos e tarefas do trabalho.
Consiste em:

- o produto fabricado, as suas características e os seus requisitos técnicos e operacionais:

- seleção de matérias-primas e materiais para a produção de produtos:

- cálculo das matérias-primas e dos materiais para assegurar o volume de produção anual:

- seleção de equipamentos tecnológicos e respectivas características, estrutura e modo de funcionamento:

- cálculo da produção de trabalho e do número necessário de equipamento tecnológico e auxiliar:

- Cálculo da área de construção:

- Seleção dos elementos de construção e sua explicação:

- Planta da instalação:

- Descrição do processo tecnológico concebido:

- Contas de energia:

- Conta de equipamento básico.

c) Importância científica e prática.

A tecnologia de produção de fertilizantes à base de potássio a partir de silvinite da mina Tyubegatan pelo método de flotação foi criada e os problemas tecnológicos relevantes foram resolvidos.

Esquema tecnológico da produção de fertilizantes de potássio por método de flotação a partir da silvinite da mina Tyubegatan.

Mina de Tubegatan silvinite, cloreto de potássio, cloreto de sódio amoníaco, suspensões de cloreto de magnésio.

Determinar os parâmetros tecnológicos óptimos para a produção de silvinite da mina de Tubegatan, fertilizantes de potássio por método de flotação, e obter informações relevantes para a criação da tecnologia.

a) Método galúrgico de tratamento do minério de potássio.

A galurgia é um ramo da tecnologia química, que consiste na salga natural, na composição e nas propriedades das matérias-primas, bem como nos métodos de obtenção de sais minerais a partir das mesmas. [6] Os principais tipos de matérias-primas para a indústria da galurgia são os seguintes

Sais naturais (potássio e magnésio), águas mineralizadas, salmouras naturais resultantes da evaporação da água do mar, salmouras salinas, salmouras subterrâneas [7].

As principais tarefas da galurgia são as seguintes: estudar as condições de formação dos depósitos de sal, a sua composição mineral e estruturas; propriedades físico-químicas dos sais e das suas soluções: criação de métodos artísticos de produção de vários produtos a partir de depósitos de sal, como se segue: $K_2 SO_4$, KCl, $MgSO_4$, $MgCl_2$, $Na_2 SO_4$, NaCl, $Na_2 CO_3$, compostos de boro, iodo, bromo e outros elementos [8]

Para resolver estes problemas, a galurgia é utilizada como método de análise físico-química. Os processos que ocorrem em concentrações de sistemas água-sal são estudados através de diagramas de solubilidade. Os mesmos diagramas são utilizados para criar a produção da galurgia. Com a utilização complexa de matérias-primas, a galurgia é descrita. A partir das escórias são produzidos cloretos e sulfatos de sódio, magnésio e potássio. [9]

A produção de cloreto de potássio a partir de minério de silvinite no método de galvanoplastia é efectuada por fusão e cristalização separada. Este processo baseia-se na diferença de solubilidade do KCl e do NaCl na água.

O processo de fusão é efectuado a uma temperatura de 90-100^0 C, e depois a temperatura é reduzida para 20-25^0 C [10]

Em soluções saturadas com ambos os sais, com o aumento da temperatura, de 20-25^0 C para 90-100^0 C, a quantidade de cloreto de potássio aproximadamente duplica, enquanto a quantidade de cloreto de sódio diminui. Esta propriedade das soluções de KCl e NaCl foi utilizada no processo cíclico de obtenção de cloreto de potássio a partir da silvinite.

As principais etapas da produção de cloreto de potássio num ciclo fechado:

1. Moagem de minério de silvinite.

2. Extração de cloreto de potássio da silvinite com uma solução quente em circulação.

3. Separação da coalhada quente do sedimento e sua remoção da lama salgada e lamacenta.

4. Cristalização do cloreto de potássio quando a solução é arrefecida.

5. Separar os cristais de cloreto de potássio da solução e secá-los.

6. Aquecer a solução e voltar a colocá-la na solução de silvinite.

Este esquema tecnológico para a produção de cloreto de potássio a partir de minérios de silvinite pelo método de fusão e cristalização serve de base. Algumas diferenças nos regimes de processo e esquemas tecnológicos estão relacionadas com alterações na composição das matérias-primas e com a utilização de diferentes dispositivos de construção [11]

As propriedades do sistema KCl - NaCl - H_2 O servem de base para a produção de cloreto de potássio pelo método de fusão e cristalização.

A comparação das isotérmicas a 25 e 100^0 C mostra que a quantidade de cloreto de sódio da solução eutónica aumenta a baixas temperaturas.

De acordo com a composição da solução eutónica E100 a 100^0 C, o ponto figurativo do sistema situa-se no campo da cristalização do cloreto de potássio.

Portanto, como resultado do arrefecimento de uma solução saturada com KCl e NaCl, apenas o KCl cai no sedimento, adicionando NaCl sólido à solução saturada de KCl, uma parte do KCl é espremida da solução para o sedimento [2].

Quando a solução eutónica 1000 é arrefecida de 100 para 25^0 C, a composição da solução muda devido à precipitação de KCl, o seu ponto de cristalização figurativo sobe para n ao longo da linha Sn - E100. Após a separação do precipitado de KCl, se a solução for aquecida a 100^0 C, torna-se fortemente insaturada com cloreto de potássio e ligeiramente insaturada com cloreto de sódio. Por conseguinte, se a silvinite for tratada com esta solução quente, dissolve-se principalmente com cloreto de potássio [13] Mas isto depende das condições de tratamento da slivinite com uma solução no fluxo oposto. No caso de uma solução que contenha quase todo o cloreto de potássio, dissolve-se mais cloreto de sódio do que cloreto de potássio, pelo que apenas o cloreto de potássio se dissolve e, por conseguinte, o cloreto de sódio precipita da solução. Após a separação do cloreto de sódio sólido, obtém-se uma solução eutónica E100 quente, sendo o cloreto de potássio separado em resultado do seu arrefecimento. A partir daí, a silvinite pode ser separada em KCl e NaCl através de um processo cíclico.

Para separar completamente o KCl da silvinite, a sua quantidade introduzida no ciclo deve estar de acordo com a quantidade da solução circulante, se se assumir que a composição da silvinite consiste em 25% de KCl e 75% de NaCl. [14]. Após a fusão e cristalização, a composição real das fases sólida e líquida difere dos processos vistos acima. Após a fusão da silvinite, a composição da solução quente difere da composição da solução eutónica. De acordo com o método de fusão, o seu nível de saturação com cloreto de potássio é de 90-96%, pelo que, como resultado do arrefecimento da solução, apenas o cloreto de sódio cristaliza primeiro.

Depois de atingir a temperatura correspondente à saturação, começa a cristalização do KCl, o NaCl previamente separado pode dissolver-se novamente na mistura ativa, mas está coberto por cristais de KCl e, portanto, não se dissolve. [15] Por este motivo, o produto está contaminado com cloreto de sódio. Quando o grau de saturação da solução quente com cloreto de potássio é de 96%, o seu teor no sal cristalizado é de 99,3%, a partir de uma solução saturada a 90,6%, forma-se um sal com 94,3. Isto mostra a importância da solução quente de KCl para o perfeito nível de saturação e fusão correcta do fluxo. Neste caso, a quantidade de NaCl separada após pequenos cristais na solução é pequena. Como resultado da dessalinização do cloreto de sódio com cloreto de potássio no fluxo oposto, a quantidade de NaCl cristalino fino na solução é relativamente maior [16].

No processo de arrefecimento da solução quente em condições de produção, esta é ligeiramente arrefecida e uma certa quantidade de NaCl cristaliza e é removida com lamas salgadas, onde ocorre o fenómeno de auto-limpeza da solução quente, a sua saturação com o nível de cloreto de potássio aumenta [17].

Como resultado do arrefecimento a vácuo da solução de 100 para 20^0 C, teoricamente, 12% da água pode ser evaporada sem contaminar o KCl cristalizado com NaCl. Na prática, o cloreto de sódio separado no início da cristalização é coberto por um revestimento de cloreto de potássio quando a água evapora e não pode entrar novamente em solução; portanto, o líquido filtrado não está saturado com NaCl, embora esteja principalmente na fase sólida, porque não está contaminado com KCl e NaCl, água condensada é adicionada à solução no início da cristalização ou antes [18].

Se a silvinite não estiver contaminada com carnalite, como resultado da circulação da solução, o cloreto de magnésio acumular-se-á gradualmente na sua composição. Neste caso, é necessário renovar a solução, porque a solubilidade do cloreto de potássio diminui na presença de cloreto de magnésio, quando a concentração de cloreto de magnésio é superior a 100 g / 100 g de água, a solubilidade do NaCl em soluções saturadas de cloreto de potássio diminui com a diminuição da temperatura (aumenta com a carga de cloreto de magnésio). Este facto leva à contaminação do cloreto de potássio, ao arrefecer a solução quente com cloreto de sódio, o cloreto de potássio cristaliza. Quando a silvinite contém 1,106% de $MgCl_2$ e 4% de água evapora durante o arrefecimento da solução, forma-se 87% de KCl no produto, a concentração de $MgCl_2$ no filtrado é de 137g/1000g de água e a concentração de 80% é de 213g/1000g de água. Nas matérias-primas, o KCl é de 90,3% no primeiro caso e de 92% no segundo caso [19].

b) Informações gerais e medidas de proteção.

Os dias de trabalho do complexo de transformação são 330 dias. Os sistemas de produção e de produção auxiliar funcionam em 3 turnos por dia, cada turno tem a duração de 8 horas. O complexo de processamento tem 701 empregados.

A área do complexo de processamento é de 20,16.

De acordo com este projeto, está prevista a produção de 200.000 toneladas de cloreto de potássio para a agricultura, utilizando a tecnologia de flotação. Como matéria-prima, são utilizados sais de potássio da mina Tyubegatan, situada na região de Kashkadarya.

O esquema tecnológico do sistema de produção é apresentado a seguir:

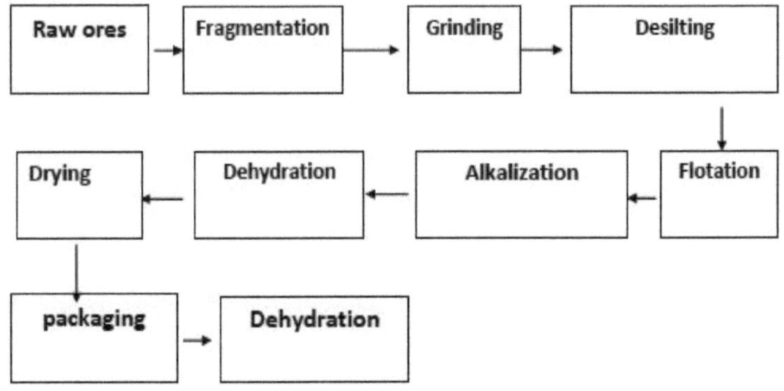

Todos os processos de produção são efectuados a uma temperatura normal, apenas o processo de secagem é realizado a alta temperatura.

Matérias-primas para a produção: minério de sais de potássio, reagente de flotação, ácido hidrogenoclorídrico, reagentes de preparação da água.

Combustível: gás natural

Materiais auxiliares: oxigénio acetileno, elétrodo, materiais de aço, gasóleo, gasolina, massa lubrificante, sacos para embalagem.

Produto acabado: cloreto de potássio para a agricultura.

Para além da produção de cloreto de potássio, o complexo de transformação possui os seguintes equipamentos principais: triturador, moinho de barras, máquina de flotação, concentrador, máquina de filtragem de correia horizontal, secador de recirculação com forno de ar quente, máquina de arrefecimento, máquina de embalagem automática, caldeira a gás, equipamento de transporte de materiais líquidos (bombas), etc.

O complexo de transformação em construção está situado a 3 km da cidade de Dehqonabad. Na zona de construção será construído um bairro residencial do complexo de transformação, onde não há outros residentes. Por conseguinte, o ambiente do complexo de transformação não afecta a segurança e a higiene do trabalho.

A forma da área do complexo de transformação é um ângulo reto. A área ocupa 20,16 hectares de terreno. Os sinais das superfícies em que os dispositivos estão instalados correspondem aos sinais de outros locais e estradas do complexo de transformação. A área do complexo de transformação será preparada no local, não será necessário trazer ou retirar o solo. Na zona do complexo de transformação, a água da chuva é enviada através do coletor para o coletor de sedimentação, sendo depois enviada para o fundo do canto noroeste, no exterior da fábrica.

As seguintes regras são observadas na composição do plano diretor:

- como resultado de assegurar a continuidade do processo tecnológico e a ligação a curto prazo da tecnologia, a duração dos prazos de construção é reduzida ao máximo;

- a composição dos edifícios e dos dispositivos é totalmente determinada pelas seguintes condições: proteção contra incêndios e explosões, assistência médica, etc. De acordo com o terreno da fábrica, após o nivelamento da área, a sua localização destina-se a ser muito plana, a este respeito, é determinada por uma inclinação vertical reta.

As transições do complexo de processamento são projectadas de acordo com as normas relevantes. 3 categorias de ruas são projectadas na área, a largura das estradas principais é de 10 m (a largura da superfície da rua é de 8,0 m) e 6 m (a largura da superfície é de 4,0 m). a largura da pequena rua é de 4 m (a largura da espessura da rua é de 3,0 m)

O raio de viragem da rua principal é de 12 m, o da rua auxiliar é de 9 m, o da rua pequena é de 7 m, o do cruzamento é de 1-3 m.

O declive vertical é geralmente concebido como 0,3%, enquanto o declive horizontal para drenagem é de 2%.

A composição do plano diretor, a distância de segurança, as vitilizações da iluminação são realizadas de acordo com as normas do projeto.

Dos edifícios auxiliares, os seguintes estão localizados na área do complexo de processamento: a habitação doméstica da oficina de filtração, a habitação doméstica da oficina de reparação de automóveis com um raio de serviço de 150 m para a conveniência dos trabalhadores. Além disso, para habituar o pessoal de todos os corpos a requisitos de higiene, em alguns edifícios de produção, os vestiários e casas de banho são concebidos como salas auxiliares.

O complexo de transformação inclui um ponto de cozinha e outros aparelhos.

Entre todos os materiais e matérias-primas utilizados no complexo de transformação, o ácido clorídrico tem um efeito corrosivo nos seres humanos, os outros materiais não causam danos directos. No processo de produção, os reagentes de flotação são preparados utilizando ácido clorídrico, o consumo deste ácido é de 16,2 toneladas.

No processo de produção, os departamentos de espumação, moagem, secagem e embalagem geram poeiras. Este facto tem um certo efeito sobre o operador.

O secador invertido funciona a uma temperatura elevada, o que pode queimar uma pessoa.

O moinho e os secadores alternativos emitem ruído, o que pode ter um impacto negativo na saúde humana.

O gás natural, o acetileno e o oxigénio utilizados como combustível podem provocar uma explosão, o que pode ter um impacto negativo na saúde humana.

1. O plano diretor deste projeto foi desenvolvido de acordo com as normas e regulamentos em matéria de incêndio, explosão e segurança.

Com base na centralização, o equipamento é instalado de acordo com os processos tecnológicos, é instalado de forma centralizada em relação a equipamento semelhante. É útil para um manuseamento seguro e facilidade de produção.

2. Nível de resistência ao fogo dos edifícios de acordo com os regulamentos de incêndio II. As estruturas dos dispositivos são constituídas por armações de torres de betão armado e por armações. Os materiais dos edifícios são estudantes resistentes ao fogo e à explosão.

3. O controlo central e o sistema automático de alarme de incêndio são concebidos. A unidade principal está instalada na SPU. Os alarmes distritais não se destinam a dispositivos de produção. Em diferentes regiões, de acordo com os requisitos de diferentes condições, são concebidos detectores, são instalados telefones de combate a incêndios que reagem ao fumo e a substâncias gasosas combustíveis, rádio, botões de alarme. O sistema de grupo não é concebido, o alarme de incêndio na área do complexo de processamento funciona através de alarmes não automáticos e automáticos. Um sistema de alarme automático com controlo do aumento da temperatura e do fumo.

4. Foram projectadas condutas de combate a incêndios e bocas de incêndio nas estradas do complexo de transformação e em certas salas da fábrica, e foi projetado um certo número de extintores de incêndio químicos de acordo com as normas de prevenção de incêndios dos edifícios. Está planeado um depósito de incêndio no complexo de processamento.

Proteção contra poeiras.

1. A fim de eliminar o impacto negativo das poeiras na saúde humana, o sistema de abastecimento de matérias-primas e os sistemas de transporte de materiais são colocados ao ar livre com uma estrutura de armação.

2. A fim de evitar a acumulação de substâncias nocivas, será concebido um sistema de ventilação fiável nas salas de produção, em conformidade com as normas aplicáveis. Nas oficinas onde é gerada uma grande quantidade de poeiras, estas são libertadas para a atmosfera após ventilação e despoeiramento.

3. No processo desenvolvido, a gestão da proteção e as disciplinas de operação tecnológica serão reforçadas. Nos locais onde são geradas muitas poeiras, os trabalhadores devem usar equipamento de proteção contra poeiras.

Proteção contra a corrosão

1. Os iões de cloro dos minérios em bruto, dos produtos intermédios do processo de produção e dos produtos acabados têm um efeito corrosivo nos edifícios, dispositivos, equipamentos e materiais. Pretende-se tomar as medidas necessárias para a conceção, seleção de materiais e proteção do equipamento.

2. O ácido clorídrico utilizado na fusão é transportado em cisternas. As pessoas devem ser protegidas contra as queimaduras provocadas pelo líquido corrosivo (ácido clorídrico). O ácido clorídrico tem propriedades corrosivas, reage com o metal comum e a corrosão ocorre com a fibra, a este respeito, os materiais dos edifícios, condutas e tubagens são feitos de fibra de vidro. A centrífuga foi selecionada como bomba de transporte e descarga com uma almofada de plástico com flúor. O tanque de armazenamento de cloreto de hidrogénio foi concebido como um circuito fechado, com um telhado respirável no topo, os tubos estão em contacto com o ar através de um material denso, e quantidades impossíveis de vapores de cloreto de hidrogénio não podem escapar para a atmosfera. Para saber o nível de cloreto de hidrogénio, existem dispositivos que mostram o nível.

Os Noushes são concebidos para detalhes, assados e peças de contacto de ácido clorídrico.

Os contentores são instalados num local separado, a barragem corta-fogo e o chão são protegidos contra o ácido clorídrico nestes locais, a barragem corta-fogo é feita de metais incombustíveis e suporta a pressão estática do produto localizado. A proteção contra o ácido é concebida em função do contentor. No local de armazenamento, são instaladas cortinas especiais para proteção contra o sol, uma banheira para assistência rápida, uma máquina de lavar roupa. Fora da zona de armazenagem, estão instalados chuveiros, etc., para primeiros socorros. Os alcalis em barril adquiridos para neutralização de ácidos são armazenados na área de armazenamento.

Na sala de preparação de reagentes, estão instaladas uma máquina de lavar e um tanque de armazenamento de bicarbonato de sódio. Os trabalhadores devem usar luvas de proteção e outros equipamentos de proteção. Em caso de salpicos de ácido clorídrico sobre uma pessoa, é necessário lavar rapidamente com uma grande quantidade de água. Em caso de salpicos de ácido clorídrico sobre uma pessoa, é necessário lavar rapidamente com uma grande quantidade de água, a partir da qual é necessário lavar com uma solução de bicarbonato de sódio a 0,5%. Se o ácido salpicar para os olhos, é necessário lavar rapidamente com bastante água e enviar o funcionário para um centro médico. Nos locais necessários, são instalados tubos para lavar os olhos. Além disso, está instalado um reservatório de bicarbonato de sódio na sala de preparação de reagentes.

c) O produto fabricado, as suas características e os seus requisitos técnicos e operacionais.

O cloreto de potássio KCl é um cristal incolor com uma estrutura cúbica ($\alpha = 0,629$ nm, $z = 4$ Fm^3 m group); A 2980 C e 1,95 MPa, forma-se uma modificação cúbica semelhante ao Cs Cs. Temperatura de ebulição 1500^0 C densidade 1,989 g/cm^3 ; $C^0_r = 51,30$ Dj

Estas matérias-primas da BMI incluem: silvinite da mina de Tubegatan, reagentes de flotação, água de arranque, gás natural, diesel, gasolina, massa lubrificante e sacos.

A alimentação eléctrica da instalação é fornecida por barramentos I e II de 6 kv com PS 110/35/6 kv em construção.

A composição química do minério inicial (bruto) é a seguinte (%): KCl - 31,93; NaCl - 64,46; $MgCl_2$ - <0,35; $CaSO_4$ - <1,26; e. k - < 2,0.

Neste complexo de tratamento são utilizados os seguintes reagentes de enriquecimento: depressor (SL - 1), coletor (amina S16 e S18), multiformador (éter glicílico ou oxal), apolar (gasoil catalítico), floculante (PAA 23 - com um peso molecular de 17 milhões de a.e.t.), supressor de poeiras (óleo industrial U-40), ácido clorídrico (30%).

A água inicial é retirada do reservatório de Pachkamar num volume de 669,97 m3/d. É necessário purificar a água doméstica e industrial, porque a água original contém uma grande quantidade de sais.

O gás medicinal é utilizado como combustível doméstico e industrial. No modo normal de funcionamento, o consumo de gás natural é de 1030 st.m^3 /g (o consumo anual de gás é de 4,8*106, a pressão de saída é de 0,6 MPa).

Neste trabalho, é utilizada a tecnologia de flotação de grãos grandes. O tamanho dos minérios brutos que entram no processo de flotação é de 1 mm.

O processo de flotação ocorre após a trituração, o esmagamento, a classificação e a deslamagem dos minérios em bruto. Para o processo de flotação, são utilizados a flotação básica e o triplo retratamento. A partir da classificação básica do produto de espuma de flotação, é utilizada a primeira re-limpeza do produto sob a grelha. A partir da classificação principal do produto de espuma de flotação, o produto sob a grelha é alimentado para o primeiro retratamento, e o produto sob a grelha e o produto de espuma do re-tratamento III são misturados e o cloreto de potássio inicial é formado.

Após a desidratação, o cloreto de potássio inicial é convertido num concentrado. O concentrado é introduzido no arrefecedor de tambor com um tapete transportador para arrefecimento, sendo simultaneamente adicionados supressores de poeiras e agentes anti-aderentes à entrada deste arrefecedor para evitar a presença de poeiras e a aderência do produto acabado. A temperatura do produto diminui de 80 - 100^0 C para 40^0 C com a ajuda de um extrator de fumos para arrefecimento. Após o arrefecimento, o produto de cloreto de potássio é introduzido na tremonha de produto acabado do departamento de embalagem através de um tapete transportador.

Como máquina de embalagem (XW 0801 A/B) são utilizados 1 trabalhador e 1 reserva.

Após secagem e arrefecimento, o produto de cloreto de potássio é enviado para a máquina de embalagem (XW 0801 A), que se encontra sob a tremonha da instalação de embalagem (V 0801 A), ou com o carregador (M 1601) para a instalação de embalagem, que se encontra sob a tremonha da instalação de embalagem (V 0801 B). (XW 0801 B) é enviado para o vagão. Com a ajuda de um empilhador automático, o produto acabado, embalado em sacos, é transformado numa pilha com um peso de 2 toneladas. Em seguida, os sacos do empilhador (L 0803 A/B) são colocados no armazém de produto acabado. 1 trabalhador e um sobresselente são concebidos para o empilhamento.

Um coletor de pó com manga foi concebido para suprimir o pó. Um filtro de manga funciona devido ao vácuo na área de descarga e embalagem do transportador de correia. O pó apanhado no filtro é devolvido como produto acabado.

O ar comprimido para a embalagem provém da estação de compressão da fábrica.

Esta B.M.I. O volume de projeto da parte de construção consiste nas seguintes instalações industriais: Armazenamento de minério em bruto com tremonha de minério em bruto Transportador de correia N1 - N6 Estação de moagem Tremonha de minério britado Corpo de produção Secção de secagem Unidade de arrefecimento com armazenamento de produto acabado Secção de embalagem Espessador de lamas Reservatório de filtrado Espessador de bunda Filtração de emergência da piscina Habitação e equipamento auxiliar de produção VOS, sala do compressor, sala da caldeira, sala da bomba do filtro de circulação, oficina de reparação de automóveis, armazém do complexo de armazenamento de óleo, sala do compressor, bloco de oficinas, GRP, subestação PT N2, sala do operador do posto de abastecimento de combustível, SZL, depósito de incêndio e instalações de serviço doméstico - edifício administrativo, cozinha, edifício doméstico, etc.

Os principais edifícios industriais deste projeto incluem: departamento de embalagem com armazém de produtos acabados, estação de trituração, bunker de minério triturado, edifício de produção, oficina de filtragem e departamento de caldeiras. Estes edifícios são constituídos por estruturas de betão armado com uma estrutura e uma linha de alvenaria.

O equipamento auxiliar de produção consiste no seguinte: secção de secagem, secção de arrefecimento, unidade de arrefecimento. Transportador de correia N1 - N6, espessador de lamas, espessador de calda, dispositivo de preparação de água, sala de compressores, depósito de incêndio. Estes edifícios são feitos de estruturas de betão armado com uma estrutura monomítica e estruturas em linha: um armazém de minério bruto com um bunker de minério bruto, um armazém complexo, um bloco de oficinas de reparação e oficinas de reparação de automóveis são feitos de estruturas de betão armado com uma estrutura em linha: VOTS, uma sala de bombas para a circulação de filtrados, uma estação de combustível com uma sala de operadores, um edifício administrativo, uma cozinha, uma casa, SZL, armazéns de petróleo são feitos de construções de tijolo e betão.

Esta B.M.I. perto do local de construção, foi construída uma estação de serviço doméstico no distrito 0. A este respeito, no território da fábrica, apenas serão instalados os dispositivos de serviço doméstico necessários à produção.

O número total de efectivos é de 701 pessoas. A cozinha, o edifício de serviços (duche, lavandaria, etc.) e as salas de serviços estarão situados em 3 locais. A altura de cada andar é de 3,3 m. A cozinha é um edifício com uma estrutura de armação, a altura do chão é de 4,2 m, a área de construção é de 796 m^2 , 112 lugares são projectados. 1 edifício administrativo com construção em betão, 1 subterrâneo, 3 pisos acima do solo, a altura dos pisos é de 3,6 m, a área de construção do canal subterrâneo é de 730 m^2 , a área dos canais acima do solo é de 2240 m^2 , o edifício administrativo inclui um ponto médico, uma sala de central telefónica, salas de reuniões e gabinetes.

g) Seleção dos elementos de construção e sua explicação.

Base e fundação. Uma vez que não existe um estudo geológico de engenharia para este tópico, consideramos que o solo à superfície da terra é constituído por argila, de acordo com as informações recebidas sobre o distrito onde a fábrica está localizada. Consideramos temporariamente o valor descritivo da capacidade de carga da base de argila como f_{ak} =150k Pa.

Departamento de embalagem com armazém de produtos acabados, estação de trituração, tremonha de minério triturado, edifício de produção, oficina de filtragem, sala de caldeiras, departamento de secagem, estação de arrefecimento, transportador de correia, N1 - N6, espessador de lama, espessador de topo, sala de compressores, depósito de incêndio, armazém de minério em bruto com bunker de minério em bruto, armazém complexo, bloco de oficinas de reparação, instalações de reparação de automóveis, são utilizadas fundações de betão armado separadas, ou fundações de betão armado, ou fundações de fita de betão armado: VOTS, sala de bombas de circulação de filtrado, estação de combustível com sala do operador, edifício administrativo, cozinha, edifício doméstico, SZL e instalações de armazenamento de óleo serão construídos com fundação de fita. A base natural é utilizada como fundação dos edifícios da fábrica. Se necessário, podem ser utilizadas bases artificiais transformadas à escala local. O IGE de segundo ou terceiro nível é utilizado como camada de base para as fundações dos principais edifícios industriais com grandes cargas. O IGE de primeira classe é utilizado para edifícios industriais com carga auxiliar industrial baixa.

Assume-se que a profundidade das fundações não é inferior a 1,5 mm.

Medidas anti-corrosão. Nos acessórios localizados em construções de betão e betão armado, o solo da base no local tem um efeito de corrosão baixo e médio. Têm um impacto médio e forte nas construções metálicas. Por conseguinte, utiliza-se como betão cimento resistente ao sulfato inferior a 0,000: a resistência da fundação feita de betão não armado não deve ser inferior a C25, a resistência do betão armado é C30, o consumo mínimo de cimento para o betão é de 300 kg/m^3 , a relação máxima de água e cimento é de 0,5, a quantidade máxima de CI (percentagem do consumo de cimento) é de 0,10.

Proteção contra a corrosão de bases e fundações.

Estruturas anti-corrosão na superfície inferior das fundações:

-Remoção de solos perturbados por baixo das fundações, 100 mm contra a camada de base;

- colocação de uma camada de gravilha e asfalto com 100 mm de espessura;

-uma camada de asfalto quente;

-betão de 100 mm não reparado.

Estruturas anti-corrosão nas superfícies superior e lateral da fundação;

- aplicar uma vez a tinta de terra:

- aplicação de duas camadas de asfalto quente.

Sob as vigas de fundação e nas superfícies laterais das fundações (incluindo as superfícies laterais da parede acima das vigas de fundação):

- transferir uma vez o reservatório de terra;

- aplicação de duas camadas de asfalto quente.

As estruturas de superfície estão completamente isentas de líquidos corrosivos:

-Remoção da estrutura danificada e do solo de base encharcado de água, baixa condutividade das cinzas de volta às áreas escavadas e compactação até uma espessura de 300 mm, coeficiente de compactação 0,94; instalação de 120 mm de espessura com asfalto halka ou shebenka;

-colocação e nivelamento de betão da classe S30 com uma espessura de 120 mm;

- Para o nivelamento, utilizar uma solução de cimento 1:2 com uma espessura de 20 mm;

-Utilização de material em rolo SBS com uma espessura de 4 mm como camada de isolamento;

- instalação de uma solução de areia-cimento e asfalto com 40 mm de espessura.

Construções superficiais de superfícies de betão comum:

-Remoção da estrutura danificada e do solo de base encharcado de água, colocação de novo solo de baixa permeabilidade em muitas áreas escavadas e 300 mm de espessura, coeficiente de compactação de 0,94;

- instalação com asfalto golka ou shebenka com uma espessura de 1200 mm;

-colocação e nivelamento de betão da classe S30 com uma espessura de 120 mm;

- uma camada de cimento (com cola de construção);

- utilizar uma solução de areia-cimento com uma relação de 1:2, com uma espessura de 200 mm para o nivelamento.

Construções resistentes à corrosão da placa de drenagem:

-Remoção da estrutura dividida e do solo de base encharcado de água, replantação de solo de baixa permeabilidade em muitas áreas escavadas e compactação até uma espessura de 300 mm, o coeficiente de compactação é de 0,94. largura de 1800 mm; inclinação transversal externa de 5%;

- 1200 mm de espessura de asfalto ou shebenka, 1500 mm de largura;

-Preparação de betão da classe S20 com uma largura de 1500 mm e uma espessura de 60 mm; definição de juntas de dilatação e contração de 10 mm a cada 10 metros; conceção de juntas de deformação com uma largura de 10 mm na direção longitudinal ao longo da parede; todas as juntas são cobertas com óleo de construção, soluções de areia betuminosa;

- nivelamento e densificação com uma solução concentrada de 1:2,5 com uma espessura de 200 mm; conceber juntas de dilatação e contração com uma largura de 10 mm a cada 10 metros; ao longo do muro;

- direcionar as costuras de deformação com uma largura de 10 mm na direção; todas as juntas são cobertas com óleo de construção, soluções de areia betuminosa;

Construções anti-corrosão de canais:

- Remoção da estrutura danificada e do solo de base encharcado de água, recolocação de solo de baixa permeabilidade em áreas fortemente escavadas e 300 mm de espessura, coeficiente de compactação 0,94;

- Instalação de asfalto com 1200 mm de espessura com agulha ou shebenka;

- O betão da classe S30 com uma espessura de 1200 é colocado e nivelado ao mesmo tempo, as juntas de dilatação e contração são concebidas a cada metro na direção longitudinal;

- na parte interna, pretende-se colocar uma chapa sobre o aço, a espessura do canal é de 4 mm ao longo de todo o comprimento;

- no início, a ferrugem deve ser removida da chapa de aço, o nível deve ser SA2 ou St3; Aplicar tinta anticorrosiva vermelha de óxido de ferro 2 vezes; 40 m km de cada vez; Aplicar tinta PSQ contra a corrosão do metal 3 vezes, cada vez 40 m km, a espessura total da tinta é de 200 m km.

Medidas contra o ruído e as vibrações. Neste projeto, devido ao forte ruído na estação de trituração e nos departamentos de trituração no edifício de produção, foram concebidas salas de trabalho com isolamento acústico. A fim de reduzir o efeito da vibração no corpo de produção, o moinho, o triturador e as peneiras são instalados separadamente da estrutura principal.

A procura de fertilizantes à base de potássio na nossa república é de 282 mil toneladas por ano. A produção de 200 000 toneladas de cloreto de potássio por ano pela empresa unitária "Dehkhanabad Potash Fertilizer Plant", que é atualmente a única na Ásia Central, não é sequer suficiente para satisfazer as necessidades da nossa república. Para a Suning, o aumento da capacidade de produção para mais 400.000 toneladas, ou seja, a capacidade total de produção para 600.000 toneladas, é um dos problemas urgentes da atualidade.

a) Tecnologia de beneficiação de depósitos de silvinite por método galúrgico

Se a fusão for efectuada em condições isotérmicas a 100°C, o NaCl situar-se-á na linha de saturação no ponto S1, terminando assim a fusão do NaCl do minério. No ponto X, o sistema é constituído por fase líquida e NaCl não dissolvido. Determinamos a composição da fase líquida construindo Ax (a luz de cristalização do NaCl) e continuando até intersectar a linha KE. Desta forma, se adicionarmos novamente o metal à fase líquida, o KCl dissolve-se do metal.

O NaCl permanece não dissolvido. O ponto figurativo da fase líquida é deslocado ao longo da curva S1 UE. Neste caso, a quantidade de NaCl na fase líquida diminui não só devido à concentração da fração de peso (uma vez que a curva S1 UE tem um declive negativo em todo o lado), mas também devido ao facto de a quantidade de água não se alterar, o KCl transforma o NaCl em cristais.

S1 V feixe S1 mistura de solução com KCl S1 U1 U2 secção entra no campo interno de seleção do NaCl. Consequentemente, a adição de KCl à solução S1 leva à cristalização do NaCl. Os grãos de halite não crescem quando o NaCl cristalizado é removido da solução, mas forma-se uma fina fase dispersa de sal.

Assim, a dissolução do KCl do minério de silvinite é realizada com a formação de uma fase dispersa salina, e a sua quantidade é tanto maior quanto menor for o raio de fusão do minério na secção S0 S1. A formação de lamas salinas durante a fusão do minério de silvinite não é desejável e é determinada pela cinética da dissolução do sal.

O ponto figurativo do sal sem água está no infinito. Neste caso, causa inconvenientes na observação de processos envolvendo cristais anidros ou húmidos. Mas, nos casos iniciais, tais diagramas apresentam vantagens.

A linha de saturação do NaCl (atravessa o eixo vertical da coordenada) tem um declive negativo, pelo que se conclui que o NaCl cristalizou na presença de KCl.

Por outro lado, a linha de saturação de KSl (corta a linha horizontal da coordenada) não é vertical e tem um declive negativo.

Portanto, a solubilidade do sal diminui na presença de KCl-NaCl. No entanto, a diminuição da concentração de NaCl na presença de KCl é mais dramática do que a diminuição da concentração de KCl na presença de NaCl. O efeito do NaCl na dessalinização do KCl é muito mais forte do que o efeito do KCl na dessalinização do NaCl. Pode seguir o processo de evaporação com a ajuda do diagrama abaixo.

Assim, se a solução inicial f_1 estiver à temperatura t_2 (por exemplo, 75°C), após a evaporação, a sua composição é f_2 , temperatura t_3 , pode ver-se pela localização dos pontos f_1 e f_2 em relação à isotérmica t_3 que f_1 - a ``solução não dissolvida, f_2 - suspensão de cristais de KCl, porque o ponto f_1 está localizado à esquerda da isotérmica t_3 . Para determinar a composição da fase líquida na suspensão f_2 (solução), traçamos uma linha reta horizontal - o raio de cristalização do KSl e encontramos o ponto de cavalo onde intersecta a isotérmica.

A diferença entre as abcissas dos pontos f_2 e m resultantes da evaporação da solução f_1 à razão de 1 kg de água m em solução dá o peso dos cristais de KCl.

Depois disso, o peso total dos cristais de KCl ($m.f_2$) é igual a {m}, onde ($m.f_2$) é o comprimento do feixe de cristalização do KCl, {m} é o peso da água contida no complexo m.

Devido à formação contínua de cristais primários e ao seu crescimento, todos os produtos de cristalização são sempre polidispersos. A presença de substâncias estranhas na solução (por exemplo, a presença de NaCl na cristalização do KCl) retarda os processos de mistura, leva ao aparecimento de pequenos cristais dispersos e, especialmente, retarda a cristalização do KCl a partir de soluções eutónicas.

Durante a cristalização, o tamanho dos cristais é aumentado através da colocação de um tubo, organizando a circulação da suspensão de cristais dos cristalizadores e retirando as grandes fracções dispersas.

O aumento do tamanho médio dos cristais pode ser conseguido através do arrefecimento gradual da solução. A caraterização físico-química dos sistemas KCl-NaCl-H$_2$ O é utilizada para selecionar o modo tecnológico de produção de cloreto de potássio.

Uma das operações mais importantes da produção de KCl pelo método galúrgico é a fundição - fusão do minério em re-alcalino aquecido (alcalino), abrilhantamento (digitação) da suspensão salina obtida nas etapas anteriores - cristalização a vácuo, separação dos cristais de KCl em alcalino forte. Separar da solução saturada e secar.

b) Esquema do princípio da transformação da silvinite pelo método galúrgico.

É importante o movimento do minério e da solução solvente entre si, ou seja, a sequência de passagem pelo equipamento e a direção dos fluxos no interior do equipamento. O primeiro é externo, e o segundo é chamado de fluxo interno direto ou reverso. No contrafluxo externo, o metal (c) passa através do solvente na ordem 1-2-3, o solvente (b) na ordem oposta 3-2-1. tem uma grande força motriz Portanto, o método de contracorrente externa é usado para dissolver KCl de minerais.

A extração de KCl da silvinite pelo método galúrgico é um processo cíclico (periódico), que se obtém após a cristalização do KCl e uma solução saturada de NaCl (KCl + NaCl) é lavada (dissolvida) com álcali da silvinite. O esquema tecnológico do método B consiste nas seguintes fases principais: trituração do minério de silvinite; lavagem alcalina da silvinite com solução reduzida para transferir o KCl para a solução; separação dos resíduos sólidos de halite da solução, lavagem para reduzir a perda de KCl nos resíduos. Separação de resíduos sólidos de uma solução a ferver saturada com KCl e NaCl em lamas salgadas e terrosas; Para reduzir a perda de KCl, lavar a lama terrosa com água a ferver no fluxo oposto; Para a cristalização do KCl, a solução é arrefecida e, ao mesmo tempo, a solução a ferver é utilizada para aquecer a solução reaquecida; Para a cristalização do KCl, a solução é arrefecida e, ao mesmo tempo, a solução em ebulição é utilizada para aquecer a solução reaquecida.

A silvinita triturada vem do transportador de 1-5 mm para o bunkier 2, e do alimentador 3, é medida usando a balança automática 5 através do transportador de correia 4, e o minério é transferido para o dissolvente de trado 6.

O KCl da silvinite é dissolvido com uma solução de solvente contendo 110-130 g/dm^3 KCl e 240 g/dm^3 NaCl. A solução de solvente aquecida pelo aquecedor 14 a 105-115°C é fornecida ao segundo solvente 7. A solução média no segundo solvente flui para o primeiro solvente 6. Com o movimento paralelo da solução e da nova silvinite, obtém-se a saturação completa da solução com KCl e NaCl. 1,5-2,5 atm para manter a temperatura necessária. O vapor quente é fornecido sob uma pressão de 0,15-0,24 MPa.

O esquema combinado de fusão é mostrado acima. A silvinita passa pelo primeiro e segundo solventes e chega ao misturador de parafuso de resíduos de halita 8, cuja escória é aquecida a 70 ° C e o filtrado de 9 filtros planares é lavado em um fluxo contracorrente com água de lavagem de lama terrosa. Isto aumenta a produção de KSl e permite a recuperação de 1 parte do calor. A solução aquecida no misturador de parafuso flui para o segundo solvente.

Os resíduos, que são lançados do misturador de parafuso para o elevador de baldes, contêm 12-17% de solução rotativa. Por conseguinte, para reduzir a perda de KSl, os resíduos são lavados com água quente no filtro plano (60 l de água por 1 t de resíduos). Os resíduos de halite lavados, contendo 5-7% de humidade e 2% de KCl, são retirados da oficina com um sistema de transporte e enviados para processamento ou para o local de instalação. A solução saturada obtida pela fusão da silvinite contém 245-260 g/dm^3 KCl, 213 g/dm^3 NaCl, pequenas partículas de minério, resíduos não dissolvidos (gesso, terra) e cristais de NaCl. Quando a silvinite é processada pelo método galúrgico, são retirados da mina Verkhnekamsky 1000 kg de minério, 20 kg de escórias terrosas (65% de teor de minério) e 160 kg de escórias salinas. Os tamanhos das partículas de sal e da escória do solo são diferentes: 88% da escória em massa é de 0,074 mm e 84% das partículas do solo têm menos de 0,05 mm de tamanho. Os seus diferentes tamanhos facilitam a sua distinção. Uma solução coagulante de 0,25% é adicionada para acelerar a sedimentação da lama do solo. De acordo com a poliacrilamida (PAA), adicionam-se 125 g de PAA a 100% a 1 t de precipitado não dissolvido ou de solução de trabalho de amido. As partículas salgadas ou terrosas são separadas num separador de 6 cones. O condensador 13 é depositado nos cones 1-2, as lamas salgadas e as lamas terrosas nos seguintes. A fim de reduzir a perda de uma grande quantidade de KCl nas lamas salgadas e terrosas resultantes, estas são lavadas com água. A solução saturada purificada é introduzida num cristalizador de vácuo de quatro fases.

d) Processos básicos da tecnologia do cloreto de potássio.

A flotação é um dos métodos mais utilizados para o enriquecimento de minerais. Este método é amplamente utilizado em várias indústrias: mineira, bioquímica e alimentar. Atualmente, a flotação é utilizada para separar iões e moléculas de soluções.

O processo de flotação baseia-se na humidificação de alguns minerais do minério a enriquecer com água ou com uma solução de sais saturados. O ângulo de molhagem indica a hidrofobicidade ou hidrofilicidade da superfície do mineral e é determinado pela seguinte fórmula.

e) Bases físico-químicas da flotação de sais solúveis.

Em 1932, para a extração de halite (NaCl) de resíduos de silvinite, foi utilizado pela primeira vez nos EUA o enriquecimento de sais solúveis naturais pelo método de flotação. Em 1934, foram utilizados os primeiros dispositivos industriais para a flotação de halite a partir de minério de potássio. Atualmente, 50% dos fertilizantes à base de potássio são obtidos pelo método de flotação no mundo.

O processo de flotação consiste nas seguintes etapas: 1) difusão do solvente e adsorção selectiva aos minerais salinos; 2) colisão das partículas minerais com bolhas de ar no molde; 3) solidificação das partículas nas bolhas; 4) formação de espuma mineralizada, libertação das partículas sob a forma de concentrado com espuma.

As redes iónicas de KCl e NaCl, os principais componentes do minério de silvinite, têm a mesma forma cúbica. Atualmente, existem várias hipóteses sobre a natureza da interação selectiva dos reagentes de flotação com a superfície dos minerais salinos, que determinam a possibilidade de separar os sais necessários pelo método de flotação. As hipóteses anteriores não se negam umas às outras, pelo contrário, complementam-se. Até agora, não nos permitem derivar uma lei que explique a separação selectiva dos sais solúveis, mas explicam em pormenor os pontos específicos.

Sylvin e reagentes de flotação de lamas

Os métodos de enriquecimento por flotação e por hidrociclone são amplamente utilizados nas fábricas de enriquecimento de silvinite. Existe também um método de enriquecimento da silvinite por métodos electrostáticos, térmicos e de amoníaco, mas os métodos térmicos e de amoníaco não são utilizados na indústria.

Existem métodos de flotação de espuma, de camada fina e de óleo. Todos estes métodos se baseiam na propriedade de humedecimento líquido dos minerais no minério.

A flotação de espuma é utilizada principalmente na produção de fertilizantes à base de potássio. Para o efeito, é fornecido ar à suspensão constituída por pequenas partículas de minério processado. Algumas partículas minerais aderem às bolhas de ar formadas e formam um produto borbulhante, enquanto outras não têm esta propriedade e assentam e formam resíduos.

Os seguintes métodos são utilizados para obter cloreto de potássio a partir dos minerais carnalite e silvinite:

- com a beneficiação mecânica do minério - o principal processo neste caso é a flotação. Este método é amplamente utilizado;

- método de fusão e cristalização baseado nas diferentes solubilidades e cristalizações dos sais contidos no minério (estes métodos são designados por método térmico, galúrgico* ou químico); (*halurgia-salina);

- O enriquecimento por flotação pode ser efectuado em combinação com a dissolução e cristalização de pequenas partículas;

- por fundição subterrânea e processamento de minério.

Os sais de potássio sulfatados são também enriquecidos por métodos semelhantes.

Os sais de potássio são separados dos sais naturais, as salmouras, por vários métodos, dependendo da composição do sal ou da solução e do método de extração. No processo de flotação, se for criada espuma para enriquecimento, ou seja, se o mineral desejado for separado com a espuma, chama-se flotação. Se os minerais desnecessários forem separados com a espuma - chama-se flotação inversa.

A espuma formada durante o enriquecimento do minério pelo método de flotação deve ser sólida apenas durante o processo de flotação, ou seja, quando o ar é soprado.

Se o mineral contiver sais solúveis em água, é utilizada uma solução saturada desses sais como fase líquida da suspensão.

Para que o processo de flotação dê bons resultados, o minério deve ser finamente moído e as suas partículas não devem estar ligadas umas às outras. Por exemplo, para a silvinite, as partículas do minério de flotação devem ter 1-4 mm.

Os flotoreagentes dividem-se nos seguintes grupos, de acordo com a sua função:

a) Colectores ou colectores. As moléculas destas substâncias podem ser adsorvidas na superfície das substâncias de flotação (substâncias não polares ou polares) e as suas moléculas são adsorvidas na superfície da partícula tratada. Com a sua parte não polar, podem ser apanhadas na superfície da água ou da espuma. Esta é a sua capacidade de flotação;

b) depressores ou lançadores. Estas substâncias encontram-se à superfície das partículas

pára a adsorção;

c) activadores - recolhem substâncias na superfície dos minerais aumenta a capacidade de não absorção;

g) substâncias espumantes;

d) Reguladores, no processo de beneficiação da silvinite pelo método de flotação

altera o efeito dos reagentes. Como resultado, o cloreto de potássio transforma-se em espuma.

Métodos de beneficiação de minérios de potássio.

Para este efeito, a silvinite é triturada e deslamada, sendo depois preparada uma suspensão a partir da solução e do material sólido, à qual se adiciona fuelóleo, querosene ou outros produtos petrolíferos não branqueados imiscíveis em água.

Além disso, são também adicionados reagentes (aminas alifáticas). Depois disso, a suspensão é enviada para uma mesa vibratória e obtém-se um produto de grão grosso constituído por 79% de cloreto de potássio [30].

Enriquecimento de minério pelo método de queima.

A queima de silvinite de grão grande leva à fissuração de cristais de halite, enquanto os cristais de silvinite permanecem inalterados.

Normalmente, o processo de combustão é efectuado a uma temperatura de 400^0 C sem influência mecânica, sendo realizado num forno rotativo a 450^0 C. A qualidade da silvinite queimada num forno rotativo é inferior à da silvinite queimada sem influência mecânica. A incineração de silvinite é um processo de incineração que liberta as silvinites de inclusões de lama, podendo as silvinites ser sobreaquecidas durante o enriquecimento por flotação. Por conseguinte, a incineração de silvinites argilosas é considerada o melhor método de beneficiação [31].

Como resultado da aproximação de dois planos, estes ficam electrificados. As partículas de pequenas dimensões recebem cargas suficientes para se desviarem da trajetória rectilínea durante o campo eletrostático de alta tensão. É nisto que se baseia o enriquecimento eletrostático da silvinite (a silvinite é separada da halite). O Sylvinit ajuda inicialmente a aumentar as descargas térmicas de limo e elimina os efeitos negativos do limo. As partículas de silvina e de halite são tratadas com reagentes antes do aquecimento do minério para obter cargas de sinal diferente e de igual valor, o que ajuda a formar revestimentos na sua superfície.

Recomenda-se a utilização dos seguintes: amoníaco, aminas gordas, anidrido ftálico, ácidos ftálico e benzoico. Inicialmente, após a operação, a silvina tem uma carga positiva no campo elétrico, enquanto as partículas de halite têm cargas negativas no mesmo valor absoluto [32].

As substâncias a seguir indicadas são recomendadas para o tratamento inicial da silvinite antes do enriquecimento eletrostático:

anidridos de -carbono e de sulfonamidas orgânicas. E os seus anidridos mistos;

-substâncias aniónicas e óleo de silicone;

-hidróxido de amónio e cal triturada;

-substâncias orgânicas com seis ou mais átomos de carbono na molécula e um ou mais grupos **SO_4 Me** ou **SO_3 Me** ou misturas destas substâncias;

-ácidos orgânicos alifáticos, cicloalifáticos e aromáticos com mais de três átomos de carbono na molécula, os seus sais e éteres complexos, que podem conter outros carboxilos sulfoácidos e vários grupos funcionais.

Uma combinação de separadores de tambor e de separadores multi-estágio de queda livre pode ser utilizada para transferir grandes quantidades de cloreto de potássio em silvinite. Este processo é efectuado em duas etapas [8]

Se a velocidade de movimento neste método de enriquecimento for muito elevada e as partículas assentarem, a suspensão terá as mesmas propriedades de um líquido. As partículas com uma densidade baixa em comparação com a suspensão flutuarão para cima, as partículas de densidade elevada começarão a sair. A densidade da halite é de 2,170 kg/cm^3 , a da silvinite é de 1,98 g/cm^3 .

Por conseguinte, a silvinite triturada torna-se um líquido pesado ou uma suspensão com uma densidade de 2,05-2,10 g/cm^3 , a silvinite flutua e a halite assenta.

Seria conveniente trabalhar com um líquido pesado. Mas é muito difícil obter esse líquido em condições normais. Por conseguinte, as suspensões de magnetite ou de ferro-silício são utilizadas em soluções saturadas com NaCl e KCl [33].

As suspensões de magnetite ou de ferro-silício não podem coexistir num estado calmo, o processo de separação de minerais pode ser efectuado num aparelho em que a suspensão esteja sempre em movimento. Um hidrociclone pode ser utilizado como tal. Neste aparelho, sob a influência de forças centrífugas, as partículas com uma densidade elevada são atiradas para as paredes, descem a espiral e saem do bocal inferior. Ao mesmo tempo, pequenas partículas densas sobem e saem do bocal superior. Os conceitos de "Baixa" e "Alta" não são muito claros aqui, porque o hidrociclone pode ser operado numa posição horizontal [34].

Os produtos de enriquecimento caem em crivos vibratórios, onde os sais e as suspensões são separados uns dos outros, seguindo-se a lavagem. O concentrado lavado é enviado para secagem, e o mineral contendo 65% de KCl 0,4% de H_2O é enviado para as etapas seguintes.

Os resíduos gerados após a lavagem da suspensão são enviados para o tanque de armazenamento.

A suspensão magnética separada em grelhas vibratórias é enviada para um tanque de recolha especial. A suspensão condensada formada durante a lavagem é passada através de hidrociclones, e a partir daqui a mistura é enviada para o condensador, o produto condensado é enviado para a separação magnética. No processo de separação magnética, a magnetite é atraída por um íman e pode ser separada de materiais não magnéticos.

A magnetite separada passa através do filtro de desmagnetização e cai no tanque de recolha, e o material não magnético é enviado para o espessador. A solução do espessador é devolvida ao processo. A polpa espessada do espessador é constituída por uma lama, que é lavada numa contra-lavadora e eliminada [35].

Método do amoníaco. As soluções aquosas de amoníaco concentrado (80% ou mais) e de amoníaco líquido anidro são praticamente insolúveis, enquanto o cloreto de sódio é muito solúvel.

M.N Nabiyev propôs dissolver o minério de silvinite numa solução aquosa de amoníaco concentrada (80-90% NH_3). Após a dissolução da halite e a separação das fases, forma-se um precipitado que contém cloreto de potássio, anidrido e aditivos insolúveis em água. Após remoção do amoníaco e secagem, obtém-se cloreto de potássio técnico a partir do precipitado não dissolvido. Contém 86-89% de cloreto de potássio, 97-98% do minério contém cloreto de potássio e 97-98% do potássio é removido do minério.

c) Combinação dos métodos de flotação e galvanoplastia. A utilização da flotação com uma grande quantidade de resíduos solúveis no minério conduz a um elevado consumo de reagentes e a uma diminuição da transferência de potássio para o produto final. Em alguns casos, o cloreto de potássio obtido por flotação e contendo uma grande quantidade de aditivos insolúveis não se torna viscoso. Se a quantidade de lama não exceder 3,5%, o minério pode ser processado de forma rentável pelo método de flotação [36].

As lamas não causam quaisquer dificuldades na reencadernação de silvinites pelo método de galvanoplastia. O cloreto de potássio de pequenas dimensões cristalinas é produzido pelo método de galvanoplastia.

As desvantagens de ambos os métodos levam à produção de um novo esquema tecnológico combinado. Este esquema inclui os processos de flotação e de galvanoplastia. Isto foi conseguido através da adição de um ciclo de fusão-cristalização ao dispositivo de flotação principal. No esquema de produção do método combinado, o minério inicial é moído a seco, depois é misturado com um forno rotativo e evaporado. O líquido do classificador vai para o hidrosseparador, onde as partículas finas de sal são separadas da lama sedimentada [37-38]. A pasta de lama do hidrosseparador é enviada para o espessador, e o líquido daqui é devolvido aos classificadores, a pasta de lama espessada é enviada para o tanque de armazenamento de resíduos. As partículas finas de sal do hidrosseparador são misturadas com os fundos da flotação principal e esta mistura é dissolvida no líquido circulante aquecido. A polpa solvente é espessada e, em seguida, o produto de fundo é centrifugado e transportado.

CONCLUSÃO

Os principais resultados científicos e práticos obtidos durante a realização desta tese de mestrado:

1. As composições de fases em sistemas contendo cloreto de potássio, sulfato de sódio e sulfato de potássio foram estudadas pelo método visual-politérmico desde a temperatura de congelamento total até 80°C. Foram construídos diagramas de solubilidade politérmicos. No diagrama de solubilidade dos sistemas $Na_2SO-KCl-H_{42}O$ e $K_2SO-KCl-H_{42}O$, novos componentes de glaserita ($Na_2SO_4 \cdot 3K_2SO_4$) e sulfato de potássio (K_2SO_4) são separados.

2. O estudo do processo de conversão de cloreto de potássio de flotação com mirabilites revelou a possibilidade de obter glaserite - $Na_2SO_4 \cdot 3K_2SO_4$. As condições óptimas de conversão são a temperatura - 40-50°C, Na_2SO_4 : KCl - 1:1, duração - 60 min. obtém-se um produto contendo 40,10% de K_2O; 9,56% de Na_2O; 3,80% de Cl^- ; 50,61% de SO_4^{2-} .

3. O estudo do processo de conversão da glaserite com soluções de cloreto de potássio de flotação (10%) revelou a possibilidade de obter sulfato de potássio. As condições óptimas para a conversão são a temperatura - 30-40°C, relação Q:S ($Na_2SO_4 \cdot 3K_2SO_4$: KCl) - 1:1, duração - 60 minutos, é indicado que o produto contém 46,05% de K_2O. é tomado; 3,22% Na_2O; 1,27% Cl; 50,94% SO_4^{2-} . Uma única lavagem com água numa proporção de 1:1 dá um produto com um teor de K_2O de 53,18%; 0,33% Na_2O; 0,20% Cl; 54,46% SO_4^{2-} . Por lavagem adicional, pode ser obtido sulfato de potássio com Cl^- inferior a 0,2%.

4. Os métodos de análise físico-química por raios X, espetroscopia de infravermelhos e microscopia eletrónica de varrimento estudaram as

características físico-químicas do sulfato de potássio sem cloro e foram confirmados pelos resultados da análise química.

5. Foram desenvolvidos esquemas tecnológicos para a obtenção de sulfato de potássio sem cloro a partir de soluções de cloreto de potássio de Mirabilit e de flotação, foram elaborados balanços materiais, esquemas de fluxo de materiais, balanços materiais de produção.

LISTA DE REFERÊNCIAS

1. Decreto n.º PF-60 do Presidente da República do Usbequistão, de 28 de janeiro de 2022, "Sobre a estratégia para o desenvolvimento do Novo Usbequistão em 2022-2026".

2. Decreto do Presidente da República do Uzbequistão de 28 de dezembro de 2020 n.º PQ-4937 "Sobre as medidas de execução do programa de investimento da República do Uzbequistão para 2021-2023".

3. Decreto n.º PQ-4992 do Presidente da República do Usbequistão, de 13 de fevereiro de 2021, "Sobre a continuação da reforma e a melhoria financeira das empresas da indústria química e medidas para desenvolver a produção de produtos químicos com elevado valor acrescentado".

4. Decreto do Presidente da República do Usbequistão de 10 de outubro de 2022 "Sobre a aprovação do programa-alvo de desenvolvimento estratégico da indústria química e gás-química" n.º PQ-388.

5. SOCIEDADE ANÓNIMA "UZKIMYOSANOAT". Sociedade de responsabilidade limitada "Fábrica de potassa de Dehkhanabad". Plano de actividades para 2019, Dehkhanabad-2021, C. -13.

6. SOCIEDADE ANÓNIMA "UZKIMYOSANOAT". Sociedade anónima "Fábrica de potassa de Dehkhanabad". Plano de actividades para 2021 Dehkhanabad-2021, C. 5.

7. Actas da Academia Nacional de Ciências da Bielorrússia, série Química, 2017, n.º. 3 pages. 98-103.

8. Daria Ugay. "Mineral fertilizers: trends in the world market and Uzbekistan" Fiscal Research Institute under the Ministry of Finance of the Republic of Uzbekistan // Economic Review No. 2 (242) 2020, B.-52.

(https://review.uz/post/mineralne-udobreniya-trend-mirovogo-rnka-i-uzbekistana)

9. Global Fertilizer Trends and Forecast to 2022. Organização das Nações Unidas para a Alimentação e a Agricultura. Roma, 2019. p. 28.

10. Yoldoshev G. "Remedial soil science" textbook for students of agrochemistry and agro-soil science "Publication of the National Society of Philosophers of Uzbekistan". TASHKENT-2008.263 bet.

11. Klebanovich, N. V. Recuperação química de terras. Proc. - método. subsídio Minsk: BSU, 2019. C. 98].

12. Mirzaqulov H., Shamshidinov I., Toraev Z. Teoria e cálculos tecnológicos da produção de fertilizantes complexos // Guia de estudo. T.: "ECONOMIA-FINANCEIRA", TASHKENT-2013, 284 páginas.

13. Prokoshev V.V., Bogdevich I.M. Potash fertilizers (Prices, production, application, ecology) // International potash institute (MIK) 1994, p. 66.

14. Sheudzhen A.H., Bondareva T.N., Kizinek BETV. Agrochemical basis of fertilizer use. - Maykop: Polygraph-Yug OJSC, 2013. C. 571].

15. Khairulina E.A., Khomich V.BET, Liskova M.Yu. Problemas geoecológicos do desenvolvimento de depósitos de sal de potássio Izvestia TulGU. Ciências da Terra. 2018. Edição. 2. C. 112-122.

16. Asadov G.G., Mirjalalli I.B., Efendieva R.R., Ataeva H.M. Salt tolerance of introduced tree and shrub species in the saline soils of the Apsheron Peninsula // Problems and prospects of studying the biodiversity of the flora of the Central Asia: Conferência científica e prática internacional. 20-22 de abril de 2021 Tashkent "Mahalla va oila" editora Tashkent - 2022. P. 516-522.

17. Boynazarov B.T., Mirzakulov Kh.Ch. Organização da produção de fertilizantes à base de potássio na República do Uzbequistão

// Problemas de química e tecnologia química: Actas da conferência científico-prática da República do Uzbequistão. Coleção II. Urganch, UDU, 2011, pp. 23-24.

18. Deryugin I.BET, Kulyukov A.N., Agrochemical basis of fertilizer system for vegetables and store crops. - M.: Agropromizdat, 1988, BET270.

19. Fertilizantes, suas propriedades e métodos de utilização. // Ed. SIM. Korenkov. - M.: Kolos, 1982, BET415.

20. Golyakin I.V. Sistema de aplicação de fertilizantes. Moscovo: Kolos, 1977, 185 páginas

21. Beglov B.M., Namozov Sh BETCentral Kyzylkum phosphorites and their processing. - Tashkent, 2013, página 460.

22. Medina T.L.A. 1992. Estudo dos efeitos de algumas deficiências minerais no cravo de estufa (Dianthus caryophyllus) em cultura hidropónica Ata Horticulture 307. 1992. p. 203-212.

23. Nikitina L.V., Romanenkov V.A., Listova M.BET, Pryanishnikova D.N. Potássio trocável e sua mobilidade em solos sódicos / podzólicos de diferentes composições granulométricas // Fertility 2015, No. 5, pp. 18-21.

24. Dyshko V.N. Agrochemical basics of soil fertility improvement: a course of lectures for graduate students / V.N. Dishko. - Smolensk: FGBOU VPO "Academia Agrícola do Estado de Smolensk", 2014. BET 60.

25. Mikhailova L.A., Subbotina M.G., Alyoshin M.A. Fertilizantes e diagnósticos de nutrição mineral de culturas de frutas e bagas: um livro didático // Perm: IPTs "Prokrost", 2019. p. 247.

26. Pechkovskiy B.V., Pinaev G.F., Dzyuba E.D. outros, tecnologia de fertilizantes à base de potássio, Minsk "Highest School", 1978, p. 304.

27. Pozin M.E. Tecnologia de sais minerais. Parte I e II. - L: Química, 1970, BET1556.

28. Akhmetov T.G., Porfiriev R.T., Gaisin L.G. Chemical technology of inorganic substances. Livro em 2 livros. 1. X 46 tutorial. Ed. T.G. Akhmetov. - M.: Up. Shk., 2002 - 688 p.: ill. Páginas 144-150.

29. Normamatov F.Kh. Desenvolvimento de tecnologia de poupança de energia para a produção de fertilizantes de potássio sem cloro // Disbet... d.f. (PhD) on the so-called. Tashkent. 2022. 117 p.

30. Korchagin A.A., Mazirov M.A., Komarova N.A. Sistema de fertilizantes: livro didático. subsídio // Vladimir. state un-t im. A. G. e N. G. Stoletov. - Vladimir: VlGU Publishing House, 2018. BET116.

31. Pozin M.E. Tecnologia de fertilizantes minerais: um livro didático para universidades / M.E. Posin. - L : Química, Len. Departamento, 1989. BET352.

32. Allien W. Barker e David J. Pilbeam. 2007. Handbook of Plant Nutrition. CRC Press, Boca Raton, 2007. p. 105-116.

33. Nitrato de potássio: uma visão geral dos mercados de nitrato de potássio na CEI e no mercado mundial // Chem Guide Russia. Info Vine. - Moscovo, 2016. BET9-12.

34. Allien W. Barker e David J. Pilbeam. 2015. Handbook of Plant Nutrition. segunda edição. CRC Press, Boca Raton, 2015. p. 131-139.

35. Stefantsova O.G., Rupcheva B.A., Poilov V.Z. Estudo da cristalização da leonite a partir de líquidos sulfatados de potássio e magnésio // Boletim da Universidade Politécnica de Tomsk. Tomsk 2015. 326. No. 5. Páginas 99-106.

36. Ghulam Abbas, Muhammad Aslam, Asmat Ullah Malik, Zafar Abbas, Mujahid Ali e Fiaz Hussain. Effect of potassium sulfate on growth and yield of mung bean in arid climate (Efeito do sulfato de potássio no

crescimento e rendimento do feijão mungo em clima árido). International Journal.Agri. science vol. 3, No. 2, 2011. p. 72-75.

37. Enciclopédia química: em 5 volumes, v.2//Geral. ed. I.L. Knunyantbet- M.: Sov. Enzikl., 1990. BET67.

38. Perucca C.F., 2003, "Potash Processing in Saskatchewan: A Review of Process Technologies", CIM Bulletin 96 (1070), pp61-65.

39. Johnston A.E. Understanding potassium and its uses in agriculture. Associação Europeia de Fertilizantes. 2013, pr. 16-17.

40 US Geological Survey, 2012, Mineral Resources Summary 2012: Serviço Geológico dos EUA, p122.

41. Patrick Heffer e Michel Proudhomme. Perspectivas dos fertilizantes em 2015-2019. Associação Internacional da Indústria de Fertilizantes (IFA), 83ª Conferência Anual da IFA Istambul (Turquia), 25-27 de maio de 2015. página 1-8.

42. Medium Term Fertilizer Demand "Public Summary: Medium Term Fertilizer Outlook 2021 - 2025", Market Intelligence Service, IFA A/21/82 August 2021. p. 5-6.

43. Mirzakulov Kh.Ch., Juraeva G.Kh. Produção de sulfato de sódio. - Monografia. - Tashkent: Ed. "Navroz", 2014. - BET224.

44. Koshanova B.T., Erkaev A.U., Kucharov B.Kh., Mamarasulov Б Obtenção de burkeite a partir de sais de sulfato de BETO Uzbequistão // Universum: Ciências técnicas: eletrônico. revista científica 2018. 12 (No. 57). BET-102-107 URL: http://7universum.com/ru/tech/archive/item/6742

45. Osichkina R.G., Popov V. BET Sobre a formação complexa de sais naturais na Ásia Central // Uso complexo de matérias-primas minerais. - 1984. - No. 8. - BET62-65

46.http://referat.yabotanik.ru/himiya/glauberovayasol/ 317952/450919/ page1.html

47. https://icvl.ru/raznoe/sol-glaubera-formula-mirabilit-encziklopediya-kamnej-jevel

48. http://www.krugosvet.ru/print/nauka_i_tehnika/himiya/GLAUBEROVA _ SOL. html

49. Joraeva G.Kh., Usmanov I.I., Mirzakulov Kh.Ch. Processamento de mirabilite do depósito de Tumruksoyskoye para sulfato de sódio // J. "Innovative technology". - Contra. - 2015 ano. - No. 4. - BET5-9.

50. Mirzakulov H.Ch., Joraeva G.Kh., Murodova N.U., Melikulova G.E., Usmanov I.I., Abdullaev U.K. Estudo do processo de extração do sal de Glauber da mirabilite da mina de Tumruksoy // "Innovative technologies". Revista. - Contra. -2013 ano. - No. 2. -BET6-12.

51. Patente IAP 04470 (UZ). Método de produção de sulfato de sódio. // SM. Turobjonov, Kh.Ch. Mirzakulov, D.D. Asamov, BETV. Bardin, G.H. Joraeva, R.R. Tojiev. - Apêndice. No. IAP 2010 0171.App.21.04.10 - Publicado. 29.02.2012. Bula. No. 2.

52. Usmanov I.I., Boboqulova O.BET, Mirzakulov Kh.Ch., Talipova X BETT Estudo do processo de obtenção de sulfato de sódio do mais alto grau a partir da mirabilite do depósito de Tumruksoy. // Universum: Engenharia: Eletrónica. revista científica - 2019. - No. 2(59). C.-74-78. URL: http://7universum.com/ru/tech/archive/item/6915.

53. Rzhechitsky E.BET, Kondratiyev V.V., Shakhrai BETG. Sulfato de sódio na produção de alumínio: problemas e perspectivas // VESTNIK ISTU. - No. 4 (55) 2011. - P. 148-154.

54. Joraeva G.Ch., Abdirahimov I.E., Shonazarov E.B., Produção de sal de Glauber e sulfato de sódio a partir de matérias-primas naturais //

Universum: Ciências técnicas: eletrónico. revista científica - 2021. - No. 2(83). URL: http://7universum.com/ru/tech/archive/item/11298.

55. Joraeva G.Kh., Mirzaqulov Kh.Ch., Davlatov F.F., Akhmedov Processamento de mirabilite da mina BETTumruksoi em sulfato de sódio // World Sciences. - #2(6).-Volume 1. -fevereiro de 2016. -C.59-64.

56. Patente IAP IAP 04526 (UZ). O método de processamento de sais naturais contendo cloretos e sulfatos de sódio e magnésio // BETM. Turobjonov, Kh.Ch. Mirzakulov, D.D. Asamov, G.Kh. Djuraeva, BETV. IAP 2009 0271. Ap. 29.08.09 - Publicado. 28.06.12. Bula. No. 2.

59. Chekushkin V.BET, Oleinikova N.V. Preparação de óxido de sódio em processos de redução e troca envolvendo sulfato de sódio // Jornal da Universidade Federal da Sibéria. Química 3 (2010 3). - C. 311-320.

60. Bolshakov L.A., Sosnovtsev M.N., Zherlitsina O.V. Cristalização de sulfato de sódio como aglutinante polivalente. // Visnik da Universidade Técnica Estadual de Azov. - 2006. - VIBET No. 16. - BET35-39.

62. Niyozberdieva M., Khodjamukhammedova Ch.B., Ataeva B.Kh. Utilização de sulfato de sódio para obter sulfato de amónio e bicarbonato de sódio // Trabalhos científicos do Instituto Estatal de Arquitetura e Construção do Turquemenistão. - Ashgabat. Turquemenistão - páginas 36-40.

63. Zhantasov K.T., Nurmanova D.O., Anarbaev A.A., Zhantasova D.M., Petropavlovsky I.A. Estudos sobre a possibilidade de utilização de rochas crustais do depósito de Jaksykilish com sulfato de sódio para obtenção de água sodada por sinterização // Nauchnye trudy SKGU im. M. Auezov. - No. 3(42). -2017 ano. -BET-45-50.

64. Sedlitsky V.I. Forecast of the potassium content of the Upper Jurassic Lower Cretaceous formation in southern Central Asia / Formação

e geologia dos depósitos de sal de potássio. - Materiais de L. VNIIGalurgii. 1972.-V. 60.-PAGE 18.

65. Popov V BETPotássio e teor de enxofre da formação halogenada do Jurássico Superior da Ásia Central-Tashkent: Fan, 1988. - 214 p.

66. Osichkina R.G., Popov V. BETInvestigação geoquímica sobre as condições de formação de depósitos de sal da formação de halogéneos do Jurássico Superior da Ásia Central e as suas perspectivas de desenvolvimento industrial // Factos litológicos e problemas geoquímicos da acumulação de sal. - M.-1985. -Páginas 225-231.

67. Mirzakulov H.Ch., Samadiy M.A., Usmanov I.I., Isakov A.F., Kalanov G.U. Investigação sobre a melhoria das propriedades físico-químicas e comerciais do cloreto de potássio de flotação // Química e tecnologia química. - Tashkent, 2018. No. 3. PÁGINAS 11-13.

68. Soddikov F.B. Desenvolvimento de tecnologia de processamento complexo de resíduos de halite e silvinites de baixo grau de Tubegatana para água com gás e alimentos // Disbet... d.f(PhD). Tashkent. 2018. 120 p.

69. Osichkina R.G. Problemas da indústria de potassa e galurgia na Ásia Central // Uzb.khim.j. - 1983. No. I. - PÁGINAS 10-16.

70. Ibragimov G.I., Erkaev A.U., Yakubov R.Ya., Turobjonov BETM. Tecnologia de cloreto de potássio. - T: 2010. - 208 p.

71. Maltsev A.M., Kochetkov BETA, Chebonemko V.V. Prospects of the potash content of South Uzbekistan and ways of developing the Tyubegatanskoye mine // Geology of mining and chemical raw material deposits in Central Asia. - Tashkent: MinGeo UzSSR, 1975. - BET65-71.

72. https://www.pesticidy.ru/active_compound/potassium_sulfate.

73. Ovsyannikova A.V., Krutikov D.V., Starostin A.G. O método de obtenção de sulfato de potássio a partir de sulfato de sódio e cloreto de potássio // Tecnologia química e biotecnologia, Perm, Rússia 2019. No. 4, pp. 98-104.

74.https://direct.farm/post/mineralnyye-udobreniya-azot-fosfor-kaliy-mikroelementy-196.

75. Stefantsova O.G., Rupcheva V.A., Poilov V.Z. Estudo da cristalização de leonita a partir de líquidos sulfatados de potássio-magnésio // Boletim da Universidade Politécnica de Tomsk. 2015. V. 326. No. 5. BET99-106.

76. Ruziev A.J. Aprendendo a usar fertilizantes de potássio sem cloro // Pesquisa científica real no mundo moderno // Karshi, 2016. P. 120-123.

77. US 6986878. B2 Método para a produção de sulfato de potássio por troca catiónica // Gary Derdall January. 17, 2006

78. Patente RU 2708204. Método de produção de sulfato de potássio a partir de cloreto de potássio e ácido sulfúrico de bessen // Sebastien LE FLAMMEQ, Didier. Data de publicação: 04.12.2019 Bull. No. 34

79. Vishnyakov A.K., Smychnik A.D., Panov V.D., Vafina M.BET, Rakhmatulina Yu.Sh. Estrutura e condições de formação de sais de potássio-magnésio na parte central da depressão Nivenskaya da bacia salina de Kaliningrado-Gdansk // Geologia local, nº 4 / 2017. C. 90-97.

80. WO 2016/134435 A1 Método de processamento de minérios poliminerais de potássio para obtenção de sulfato de potássio // Yakovlev Pavel Aleksandrovich, Vashuk Galina Vasilievna. publicação. (25.02.2015).

81. Sang Shi-Hua, Zhang Xiao, Zhang Jun-Jie. Equilíbrio sólido-líquido no sistema quinário Na+, K+//Cl-, SO_4^{2-}, $B_4O_7^{2-}$ - H_2O 323 K

// Journal of Chemistry and Engineering. 2012.57(3). pp.907-910. DOI: 10.1021/je201138z

82. Vishnyakov A.K., Shakirzyanova D.R., Gabdrahmanova V.I. Polyhalite rocks - a new raw material for the production of low-sulfate potassium-magnesium fertilizers // Exploration and protection of mineral resources. - 2007. - No. 11. - PÁGINA 29-33.

83. Patente RU 2489502. O método de conversão de cloreto de metal em seu sulfato // A.G. Kasikov. N.º 1842091/35; Dec. 29 de maio de 2012; publicação. 08/10/2013. Bula nº 4. - 8 páginas

84. Goncharik I.I., Shevchuk V.V., Kudina O.A., Mozheiko F.F. Produção de sulfato de potássio pela interação de cloreto de potássio e sulfato de cálcio // Vesti Belarusian National Academy of Sciences. Química cinzenta. 2017. No. 3. Página 98-103.

85. Sheveleva O.G Rupcheva V.A., Poilov V.Z Produção de fertilizante de sulfato de potássio e nitrogénio por conversão de cloreto de potássio // Boletim da Universidade Politécnica de Tomsk. Engenharia de Georrecursos. 2016. V. 327. No. 3. BET127-135.

86. Gainanova G.R., Stefantsova O.G., Rupcheva V.A., Poilov V.Z. Estudo do processo de conversão de cloreto de potássio com ácido sulfúrico // VESTNIK PNRPU Perm National Research Polytechnic University, Perm, Rússia, 2015. No. 2. BET 52-63.

87. Patente n.º 2399603. RF. O método de obtenção de fertilizante de potássio sem cloro.IPC C 05 D 1/02 (2006.01) ZMU KChKhK, Goldinov A.L., Drinevsky BETA, Kiselevich BETV, Lapin BETBET, Severyukhina E.BET№ 2009109320/15; App. 13.03.2009; Publicado em 20/09/2010 Rubet

88. Patente euro-asiática 037353 Bl Métodos para a produção de sulfato de potássio e cloreto de sódio a partir de águas residuais // Bessene

Sebastien (EUA), Feng Jinhai (SG), Rick James, Rittoff Timothy (EUA) data de aplicação 22/11/2017, publicação. 16.03.2021

89. BET1357405 Bielorrússia, IPC C 05 D 1/02. Método de produção de adubo de potássio sem cloro. // Komarov V.BET, Aleksandrovich H.M., Goncharik I.I., Karpinchik E.V., Petrovskaya L.I. - App. 06/11/1985; Publicado em 07.12.1987.-Bul. Nº 45.

90. BET1298199Al. SU, IPC C 05 D 11/00. Método de produção de adubo de potássio sem cloro. // Yakovlev L.K., Danilova L.E., Maslova I.Ya., Denkovich K.A. - App. 12.06.1984; Publicado em 23/03/87. - Bula. No. 11.

91. BET1337378 A1 Arménia, IPC C 05 D 1/02. Método de produção de adubo de potássio sem cloro. // Safaryan M.A., Manucharyan M.BET, Safaryan A.M. - App. 22.07.1985; Publicado em 15 de setembro de 1987. - Bula. No. 34.

92. PÁGINA939435. SU, IPC C 05 D 5/02. O método de obtenção de fertilizantes de nitrogénio e potássio. // I.D. Sokolov, Yu.BET, A.V. Muravyov, N.K. Andreeva. - App. 15.11.1978; Publicado em 30/06/1982. - Bula. No. 24

93. Sheveleva O.G., Rupcheva V.A., Poilov V.Z. Preparação de fertilizante de sulfato de potássio e nitrogénio através da conversão de cloreto de potássio em ácido sulfúrico Boletim da Universidade Politécnica de Tomsk.Georesources Engineering. 2016. V. 327. No. 3. 127-135

94. BET1247375 A 1. SU, IPC C 05 D 1/02. Método de produção de fertilizante de potássio sem cloro. // V.T. Orlova, I.I. Goncharik, I.N. Lepeshkov, H.M. Aleksandrovich. - App. 13.02.1985; Publicado em 30.07.1986. - Bula. No. 28.

95. BET627110 Bielorrússia, IPC C 05 D 1/02, C 05 G 1/10. Método de produção de adubo de nitrogénio e potássio sem cloro. // I.I.

Goncharik, E.F. Korshuk, H.M. Alexandrovich, Yu.G. Zonov. - App. 20.07.1976; Publicado em 17.08.1978. - Bula. No. 37.

96. Patente n.º 2040517. RF. Método de produção de fertilizante de azoto-potássio-magnésio sem cloro. IPC C 05 G 1/10. EMABETShestakov, V.V. Meshcheryakov N.º 5000101/26; App. 25.07.1991; Publicado em 25/07/1995 Rubet

97. Patente n.º 2033407. Cazaquistão. Método de produção de fertilizante de potássio sem cloro. IPC C 05 D 1/02. Instituto Politécnico do Cazaquistão. A.R. Sobitov, A.K. Kadyrbekov, BETBETNurkeev, M.M. Kospanov, BETMukasheva, Yu.I. Herzberg N.º 4941641/26; App. 06.03.1991; Publicado em 20/04/1995.

98. Patente n.º 2373151. RF. Como obter o Chenit. IPC C 05 D 5/12 (2006.01) C 05 F 5/40. JSC VNII Galurgii. Yu Betsafrygin, G.V. Osipova, Yu.V. Buksha, V.I. Timofeev, n.º 2007143342/15; App. 22.11.2007; Publicado em 27 de maio de 2009.

99. BET861347 Azerbaijão, IPC C 05 D 9/02. O método de obtenção de fertilizantes de potássio. // Inc. ciência do solo e agroquímica Academia de Ciências do Azerbaijão, A.N. Gyulahmedov, M.Yu. Sharifov, BETF. Mamedov, B.A. Stolyar, I.F. Sologub, N.A. Agaev, B.B. Lever, A.M. Alizadeh, I.T. Yamin, N.A. Ismailov, E.A. Mughalinskaya. - App. 11.01.1978; Publicado em 07/09/1981. - Bula. No. 33.

100. GOST 4568-95. Cloreto de potássio para flotação.

101. GOST 5644-75. sulfato de sódio.

102. GOST 20851.3-93. Adubos minerais. Métodos de determinação da fração mássica de potássio. - M.: IPK standards publishing house, 1995. - 41 páginas

103. Buppiel - Marty F., Ramirez - Munoz H. Fotometria de chama. M., Mir, 1972, 520 p.

104. Métodos de análise de fertilizantes complexos. / Vinnik M.M., Erbanova L.N. e outros -M.: Química. 1975. - 218 anos.

105. GOST 24596.4-81. Alimentação com fosfato Método de determinação do cálcio. - M.: IPK standards publishing house, 2004. -3 p.

106. GOST 24024.12-81. composto inorgânico. Método para a determinação de sulfatos. - M.: IPK standards publishing house, 1981. -4 p.

107. GOST 20851.4-75. Fertilizantes minerais Método de determinação da água. - M.: IPK standards publishing house, 2000. -5 p.

108. GOST 18995.1-73. Produtos químicos líquidos Métodos de determinação da densidade. - M: IPK standards publishing house, 2004. - 4 páginas

109. GOST 10028-81. Os viscosímetros são de vidro capilar. - M.: IPK standards publishing house, 2005. - 13 p.

110. Trunin A.BET, Petrova D.G. Visual-polythermal method. - Kuybyshev, 1977. - 94 p. - Débito em 6 de fevereiro de 1978 em VINITI. No. 584-78.

111. Espectroscopia de infravermelhos em tecnologia inorgânica. E Zinyuk R. Yu., Valikov A., Gavrilenko I.B., Shevyakov A.M. - L.: Química, 1983. - 160 p.

112. Agarwal V.K. X-ray spectroscopy. - Berlim, Heidelberg, Nova Iorque: Springer;1991.-419

Printed by Books on Demand GmbH, Norderstedt / Germany